普通高等院校计算机类专业系列特色教材

网络技术实验实训教程

主　编　田　祎　王必成

西南交通大学出版社
·成　都·

内容摘要

本书致力于构建一个完整的计算机网络知识体系，并以实现网络技术的实际操作为目标，通过精心设计和提炼，内容包含 7 个部分共 15 个实验，其中有一个实验为专注于职业能力提升的实训项目。所有实验均基于新华三（H3C）模拟器进行，用户界面友好，操作简便，使读者能够在个人计算机上轻松搭建复杂的网络环境，确保学习过程的顺畅。

全书实验内容涵盖了网络建设中的关键知识点、实用技术、常用设备以及完整的建设流程，为读者提供了一种全面而深入的学习体验。

本书不仅适合作为网络建设与管理领域的初级专业技术人员的参考指南，也非常适合作为高等院校计算机相关专业的教材，特别是对网络工程、计算机科学与技术、信息管理、电子商务等专业的学生来说，是一本不可多得的用书。

图书在版编目（CIP）数据

网络技术实验实训教程 / 田祎，王必成主编.
成都：西南交通大学出版社，2024. 10. -- （普通高等院校计算机类专业系列特色教材）. -- ISBN 978-7-5774-0150-8

Ⅰ. TP393-33
中国国家版本馆 CIP 数据核字第 2024JT3245 号

普通高等院校计算机类专业系列特色教材
Wangluo Jishu Shiyan Shixun Jiaocheng

网络技术实验实训教程

主 编 / 田 祎 王必成	策划编辑 / 陈 斌
	责任编辑 / 穆 丰
	责任校对 / 左凌涛
	封面设计 / 吴 兵

西南交通大学出版社出版发行
（四川省成都市金牛区二环路北一段 111 号西南交通大学创新大厦 21 楼　610031）
营销部电话：028-87600564　　028-87600533
网址：http://www.xnjdcbs.com
印刷：郫县犀浦印刷厂

成品尺寸　185 mm × 260 mm
印张　11　　字数　270 千
版次　2024 年 10 月第 1 版　　印次　2024 年 10 月第 1 次
书号　ISBN 978-7-5774-0150-8
定价　39.00 元

课件咨询电话：028-81435775
图书如有印装质量问题　本社负责退换
版权所有　盗版必究　举报电话：028-87600562

前　言

　　本书旨在培养中级网络工程师，不追求技术细节的全面覆盖，而是遵循"必需、够用"的原则，简化理论难度。书中将行业标准、生产流程和项目开发体系融入实验教学，旨在深化学生对网络原理的理解，提升其实践操作的综合能力，同时培养其职业素养，构建对企业运作的全面认识。通过完成本书中的所有实验，学生将能够理解网络的主要需求和常用技术，并掌握如何运用这些技术来设计和构建高速、可靠、安全的网络。

　　本书分为 7 个部分：

　　第 1 部分为网络基础架构构建：教授学生如何搭建基本网络拓扑结构，掌握网络项目和运维中的常用技术和管理理念，以实现网络设备的高效运维管理。

　　第 2 部分为高可靠性设计：指导学生分析客户关于网络隔离和网络高可靠性需求，设计满足网络隔离、高可靠性和接入安全需求的方案，并完成相应的配置。

　　第 3 部分为路由技术：教授学生如何分析网络结构和地址规划，选择合适的路由协议，以实现复杂网络的连通性。

　　第 4 部分为无线网络：让学生了解无线网络的基本原理，掌握常用网络设备的配置方法，了解不同环境的无线网络设计和实施方案。

　　第 5 部分为网络安全与广域网互联：让学生掌握企业网络的广域网接入技术，以及如何将内部网络应用安全地发布到互联网，同时分析内部网络及外部网络安全风险，使用常见的网络安全技术对网络进行安全加固。

　　第 6 部分为网络应用：让学生掌握企业网络中常见的应用，通过设计与实现，提高网络运维管理的效率，确保网络的高效稳定运行。

　　第 7 部分为综合实训：让学生了解实际网络项目中用户对网络的全方面需求，并通过分析这些需求完成一个综合网络项目，让学生了解项目实施的全过程，提升其对网络项目的综合处理能力。

　　本书编写受到商洛学院教材建设项目（24jcjs005）支持。全书由商洛学院副教授田祎撰写，视频由王必成录制。

　　鉴于编者的知识和经验有限，书中不足之处在所难免，我们殷切希望广大读者批评指正。

编　者

2024 年 6 月

数字资源目录

序号	二维码名称	资源类型	页码
1	网络设备基本操作	视频	P3
2	Telnet 实验	视频	P12
3	网络设备基本调试实验	视频	P18
4	VLAN 实验	视频	P36
5	配置生成树协议	视频	P41
6	链路聚合	视频	P46
7	路由基础	视频	P53
8	单区域 OSPF 基础实验	视频	P64
9	多区域 OSPF 基础实验	视频	P72
10	无线接入点基本配置	视频	P79
11	FAT AP PSK 认证加密功能的实现	视频	P81
12	AC+FIT AP 通过二层网络注册	视频	P83
13	ACL 包过滤	视频	P88
14	配置 NAT	视频	P95
15	配置 PPPoE	视频	P107
16	DHCP 实验	视频	P118

目　录

第 1 部分　网络基础架构构建

◆　预备知识和技能

1. 交换机/路由器命令行视图

为方便用户使用命令，H3C 将命令按照功能进行分类并注册在命令行界面下。命令行视图是一个层次性树状结构，分三个级别，从低到高依次是用户视图、系统视图、业务视图（如 VLAN 视图、接口视图等），如图 1-0-1 所示。

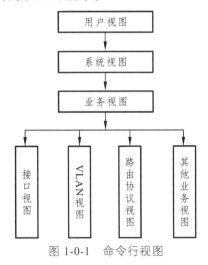

图 1-0-1　命令行视图

1）用户视图

用户从终端成功登录至设备即进入用户视图，在屏幕上显示"<H3C>"。在用户视图下，用户可以完成查看运行状态和统计信息等功能。

2）系统视图

在用户视图下执行 system-view 命令进入系统视图，在系统视图下用户可配置系统参数以及通过该视图进入其他的功能配置视图。

3）业务视图

在系统视图下执行指定命令关键字进入相应对象的业务视图，在该视图进行对象的属性以及功能配置。

2. 常用命令

1）系统管理命令

system-view：进入系统视图，进行全局配置。

sysname：设置或修改设备名称。

[display version](){"sa":"re_dqa_zy","icon":1}：查看设备版本信息。

display current-configuration：显示当前配置信息。

display saved-configuration：查看保存的配置文件。

2）网络配置命令

interface GigabitEthernet 0/1：进入 GigabitEthernet 0/1 接口配置模式。

port link-mode access：设置端口链路模式为 access。

port default vlan 1：设置端口默认 VLAN 为 VLAN 1。

port trunk permit vlan all：配置 trunk 端口允许所有 VLAN 通过。

ip address 192.168.0.1 255.255.255.0：设置交换机的 IP 地址和子网掩码。

3）故障诊断命令

display interface：查看接口流量和链路状态。

display ip routing-table：显示路由表信息。

display ip interface：显示 VLAN 端口统计数据。

display logbuffer：查看日志信息。

display tcp status 和 display tcp statistics：查看 TCP 统计数据。

4）其他常用命令

reset counters interface：清除接口统计信息。

display elabel：查看电子标签信息。

display ndp（新华三 V5 版本支持，现在改用 display lldp neighbor-information）：查看邻居发现协议信息。

display diagnostic-information：收集故障信息。

display vrrp 和 display vrrp statistics：查看虚拟路由冗余协议信息。

display link-aggregation summary：查看链路聚合组的情况。

实验 1　网络设备基本操作

网络设备基本操作

1.1　实验内容与目标

完成本实验，学员应该能够：
（1）使用模拟器。
（2）使用 Telnet 终端登录设备。
（3）掌握基本系统操作命令的使用。
（4）掌握基本文件操作命令的使用。

1.2　实验组网图

实验组网如图 1-1-1 所示。

图 1-1-1　实验组网图

1.3　实验过程

本实验以 1 台 MSR 路由器作为演示设备，使用交换机亦可。

实验任务 1　登录设备命令行窗口

步骤 1：在模拟器 HCL 中搭建基本拓扑。

使用任意接口连接 PC（个人计算机）和 MSR，并选择启动所有设备，如图 1-1-2 所示。

图 1-1-2　启动设备

步骤 2：进入命令行配置界面。

在 HCL 界面中"右键"单击需要配置的设备，选择"启动命令行终端"，或双击需要配置的设备图标即可运行命令行终端，如图 1-1-3、图 1-1-4 所示。

图 1-1-3　启动设备

图 1-1-4　命令行终端

实验任务 2　使用系统操作及文件操作的基本命令

步骤 1：进入系统视图。

完成实验任务 1 时，配置界面处于用户视图下，此时执行 system-view 命令进入系统视图：

<H3C>system-view

System View: return to User View with Ctrl+Z.

[H3C]

此时提示符变为"[xxx]"形式，说明用户已经处于系统视图。

在系统视图下，执行 quit 命令可以从系统视图切换到用户视图：

[H3C]quit

<H3C>

步骤 2：学习使用帮助特性和补全功能。

H3C Comware 平台支持对命令行的输入帮助和智能补全功能。

（1）输入帮助特性：在输入命令时，如果忘记某一个命令的全称，可以在配置试图下仅输入该命令的前几个字符，然后键入"?"，系统则会自动列出以刚才输入的前几个字符开头的所有命令。当输入完一个命令关键字或参数时，也可以用"?"来查看紧随其后可用的关键字和参数。

例如，在系统视图下输入 sys，再键入"?"，系统会列出以 sys 开头的所有命令：

[H3C]sys?

sysname

在系统视图下输入 sysname，键入空格和"?"，系统会列出 sysname 命令后可以输入的命令关键字和参数：

[H3C]sysname ?

TEXT Host name (1 to 64 characters)

（2）智能补全功能：在输入命令时，不需要输入一条命令的全部字符，仅输入前几个字符，再键入<Tab>键，系统会自动补全该命令。如果有多个命令都具有相同的前缀字符的时候，连续键入<Tab>键，系统会在这几个命令之间切换。

例如，在系统视图下输入 sys：

[H3C]sys

键入<Tab>，系统自动补全该命令：

[H3C]sysname

在系统视图下输入 in：

[H3C]in

键入<Tab>，系统自动补全 in 开头的第一个命令：

[H3C]inter zone

再键入<Tab>，系统在以 in 为前缀的命令中切换：

[H3C]interface

步骤 3：更改系统名称。

使用 sysname 命令更改系统名称：

[H3C]sysname YourName

[YourName]

可见此时显示的系统名已经由初始的 H3C 变为 YourName。

步骤 4：更改系统时间。

首先查看当前系统时间，通过用户视图和系统视图均可查看：

[YourName]display clock

10:52:55 UTC Thu 10/30/2021

然后输入时钟协议：

[YourName]clock protocol none

使用 quit 命令退出系统视图，修改系统时间：

[YourName]quit

<YourName>clock datetime 10:10:10 10/01/2022

再次查看当前系统时间：

<YourName>display clock

10:10:11 UTC Thu 10/01/2022

可见系统时间已经改变。

由于系统有自动识别功能，所以在输入命令行时为方便操作，有时仅输入前面几个字符即可，当然前提是这个几个字符可以唯一表示一条命令：

<YourName>dis clo

10:10:41 UTC Thu 10/01/2015

步骤 5：显示系统运行配置。

使用 display current-configuration 命令显示系统当前运行的配置，由于使用的设备及模块不同，操作时显示的具体内容也会有所不同。在如下配置信息中，请注意查看刚刚配置的 sysname YourName 命令，同时请查阅接口信息，并与设备的实际接口和模块进行比对。

<YourName>display current-configuration

#

version 7.1.049, Release 0106

#

sysname YourName

#

......

#

interface NULL0

#

---- More ----

使用空格键可以继续翻页显示，<Enter>键进行翻行显示，或使用<Ctrl+C>键结束显示，这里使用空格继续显示配置。

```
interface NULL0
#
interface GigabitEthernet0/0
port link-mode route
combo enable copper
ip address 1.1.1.1 255.255.255.0
#
......
#
line aux 0
```

---- More ----

可以看到 sysname YourName 已经显示在系统当前配置中了。按空格键，可以看到该路由器拥有 5 个物理接口，分别是 interface Serial1/0、interface Serial2/0、interface GigabitEthernet0/0、interface GigabitEthernet0/1、interface GigabitEthernet0/2，具体的实际接口数目和类型与当前设备的型号和所插板卡有关。

步骤 6：显示保存的配置。

使用 display saved-configuration 命令显示当前系统的保存配置：

```
<YourName>display saved-configuration
<YourName>
```

结果显示当前系统没有保存的配置文件，但是为什么显示运行配置（current-configuration）时有配置呢？那是因为运行配置实际上是保存在临时存储器中，而不是固定的存储介质中，所以设备重启后运行配置会丢失。因此，要求将正确的运行配置及时保存。而保存配置（saved-configuration）存储在 CF（紧凑式闪存）卡或 Flash（闪存）、硬盘等上，这里我们并没有进行保存操作，所以在 CF 卡上并没有保存配置文件。这就是运行配置和保存配置的不同之处。

步骤 7：保存配置。

使用 save 命令保存配置：

```
<YourName>save
The current configuration will be written to the device. Are you sure? [Y/N]:
```

选择 Y，确定将当前运行配置写进设备存储介质中：

```
Please input the file name(*.cfg)[cfa0:/startup.cfg]
(To leave the existing filename unchanged, press the enter key):
```

系统提示请输入保存配置文件的文件名，注意文件名的格式为*.cfg。该实验中系统默认将配置文件保存在 CF 卡中，保存后文件名为 startup.cfg，如果不更改系统默认保存的文件名，请按回车键：

　　Validating file. Please wait...

　　Configuration is saved to device successfully.

这是第一次保存配置文件的过程。如果以后再次保存配置文件，则显示如下：

　　<YourName>save

　　The current configuration will be written to the device. Are you sure? [Y/N]:y

　　Please input the file name(*.cfg)[cfa0:/startup.cfg]

　　(To leave the existing filename unchanged, press the enter key):

　　Cfa0:/startup.cfg exists, overwrite? [Y/N]:y

　　Validating file. Please wait...

　　Configuration is saved to device successfully.

键入回车后，系统会提示是否覆盖以前的配置文件，因为这里还是选择了系统默认文件名 startup.cfg 来保存配置文件。

再次显示保存的配置：

　　<YourName>display saved-configuration

　　#

　　version 7.1.049, Release 0106

　　#

　　sysname YourName

　　#

　　......

　　#

　　line aux 0

　　<YourName>

由于执行了 save 命令，保存配置与运行配置一致。

步骤 8：删除和清空配置。

当需要删除某条命令时，可以使用 undo 命令进行逐条删除。例如删除 sysname 命令后，设备名称恢复为 H3C。

　　[YourName]undo sysname

　　[H3C]

当需要恢复到出厂默认配置时，首先在用户视图下执行 reset saved-configuration 命令用于清空保存配置（只是清除保存配置，当前配置还是存在的），再执行 reboot 重启整机后，配置恢复到出厂默认状态：

　　[YourName]quit

　　<YourName>reset saved-configuration

　　The saved configuration file will be erased. Are you sure? [Y/N]:y

Configuration file in cfa0: is being cleared.

Please wait ...

Configuration file is cleared.

<YourName>reboot

Start to check configuration with next startup configuration file, please

wait.........DONE!

Current configuration may be lost after the reboot, save current configuration?

[Y/N]:N

This command will reboot the device. Continue? [Y/N]:y

Now rebooting, please wait...

步骤 9：显示文件目录。

首先使用 pwd 命令显示当前路径：

<YourName> pwd

cfa0:

<YourName>

可见当前路径是 cfa0:/。因为 CF 卡下保存有其他的文件夹目录，而且有的路由器拥有多个硬盘和 Flash 卡，所以使用 pwd 命令就能清楚地让你知道当前所在的路径。

然后，使用 dir 命令显示 CF 卡上所有文件列表：

<YourName>dir

Directory of cfa0:

```
0 drw-              -   Aug 11 2022 11:22:22   diagfile
1 -rw-           158 Oct 30 2022 11:12:46   ifindex.dat
2 drw-              -   Aug 11 2022 11:22:22   license
3 drw-              -   Aug 11 2022 11:22:22   logfile
4 -rw-      10381312 Dec 15 2021 09:00:00   msr36-cmw710-boot-r0106.bin
5 -rw-       2006016 Dec 15 2021 09:00:00   msr36-cmw710-data-r0106.bin
6 -rw-        351232 Dec 15 2021 09:00:00   msr36-cmw710-security-r0106.bin
7 -rw-      47564800 Dec 15 2021 09:00:00   msr36-cmw710-system-r0106.bin
8 -rw-       1724416 Dec 15 2021 09:00:00   msr36-cmw710-voice-r0106.bin
9 drw-              - Aug 11 2022 11:22:22   seclog
252164 KB total (191572 KB free)
```

在上例中，dir 命令显示出的第一列为编号；第二列为属性，drw-为目录，-rw-为可读写文件；第三列为文件大小。通过属性列，可看出 logfile 实际是一个目录。

步骤 10：显示文本文件内容。

使用 more 命令显示文本文件内容：

<YourName>more startup.cfg

\#

version 7.1.049, Release 0106

\#

sysname YourName

\#

clock protocol none

\#

......

\#

line aux 0

\<YourName>

步骤 11： 改变当前工作路径。

使用 cd 命令改变当前的工作路径。

进入 logfile 子目录并显示所有文件列表：

\<YourName>cd logfile/

\<YourName>dir

Directory of cfa0:/logfile

The directory is empty.

252164 KB total (191538 KB free)

退出当前目录：

\<YourName>cd ..

\<YourName>pwd

cfa0:

\<YourName>

步骤 12： 文件删除。

用 save 命令保存一个配置文件并命名为 20221030.cfg，再使用 delete 命令删除该配置文件：

\<YourName>save 20221030.cfg

The current configuration will be saved to cfa0:/20221030.cfg. Continue? [Y/N]:y

Now saving current configuration to the device.

Saving configuration cfa0:/20221030.cfg. Please wait...

Configuration is saved to device successfully.

\<YourName>dir

Directory of cfa0:

```
0 -rw-       1996 Oct 30 2022     14:01:34 20221030.cfg
1 -rw-      32087 Oct 30 2022     14:01:34 20221030.mdb
2 drw-          - Aug   11 2022   11:22:22 diagfile
3 -rw-        158 Oct   30 2022   14:01:34 ifindex.dat
```

```
4 drw-           - Aug   11 2022    11:22:22 license
5 drw-           - Aug   11 2022    11:22:22 logfile
6 -rw-    10381312 Dec 15 2021      09:00:00msr36-cmw710-boot-r0106.bin
7 -rw-     2006016 Dec 15 2021      09:00:00msr36-cmw710-data-r0106.bin
8 -rw-      351232 Dec 15 2021      09:00:00msr36-cmw710-security-r0106.bin
9 -rw-    47564800 Dec 15 2021      09:00:00msr36-cmw710-system-r0106.bin
10 -rw-    1724416 Dec 15 2021      09:00:00msr36-cmw710-voice-r0106.bin
11 drw-          - Aug   11 2022    11:22:22 seclog
12 -rw-         1996 Oct 30 2022    11:28:29 startup.cfg
13 -rw-        32087 Oct 30 2022    11:28:29 startup.mdb
252164 KB total (191504 KB free)
<YourName>delete 20221030.cfg
Delete cfa0:/20221030.cfg?[Y/N]:y
Deleting file cfa0:/20221030.cfg... Done.
```

删除 20221030.cfg 配置文件后，再次查看文件列表，确认该文件已经删除：

```
<YourName>dir
Directory of cfa0:
0 -rw-        32087 Oct 30 2022 14:01:34    20221030.mdb
1 drw-           - Aug   11 2022 11:22:22   diagfile
2 -rw-          158 Oct 30 2022 14:01:34    ifindex.dat
3 drw-           - Aug   11 2022 11:22:22   license
4 drw-           - Aug   11 2022 11:22:22   logfile
5 -rw-    10381312 Dec 15 2021 09:00:00    msr36-cmw710-boot-r0106.bin
6 -rw-     2006016 Dec 15 2021 09:00:00    msr36-cmw710-data-r0106.bin
7 -rw-      351232 Dec 15 2021 09:00:00    msr36-cmw710-security-r0106.bin
8 -rw-    47564800 Dec 15 2021 09:00:00    msr36-cmw710-system-r0106.bin
9 -rw-     1724416 Dec 15 2021 09:00:00    msr36-cmw710-voice-r0106.bin
10 drw-          - Aug 11 2022 11:22:22    seclog
11 -rw-        1996 Oct 30 2022 11:28:29    startup.cfg
12 -rw-       32087 Oct 30 2022 11:28:29    startup.mdb
252164 KB total (191500 KB free)
```

使用 dir /all 命令来显示当前目录下所有的文件及子文件夹信息，显示内容包括非隐藏文件、非隐藏文件夹、隐藏文件和隐藏子文件夹，回收站文件夹名为 ".trash"，可以通过命令 dir /all .trash 来查看回收站内有哪些文件：

```
<YourName>dir /all
Directory of cfa0:
0 -rw-        32087 Oct 30 2022 14:15:18 20221030.mdb
```

......

252164 KB total (191500 KB free)

<YourName>dir /all .trash

Directory of cfa0:/.trash

| 0 | -rw- | 1996 | Oct | 30 | 2022 | 14:15:18 | 20221030.cfg |
| 1 | -rwh | 51 | Oct | 30 | 2022 | 14:15:30 | .trashinfo |

252164 KB total (191500 KB free)

可见文件 20221030.cfg 仍然存在于 CF 卡中，使用 reset recycle-bin 命令清空回收站收回存储空间：

<YourName>reset recycle-bin

Clear cfa0:/20221030.cfg?[Y/N]:y

Clearing file cfa0:/20221030.cfg... Done.

<YourName>dir /all .trash

Directory of cfa0:/.trash

0 -rwh   0 Oct 30 2022 14:26:49   .trashinfo

252164 KB total (191500 KB free)

清空回收站后，可见已经删除了 20221030.cfg 文件，并且可用内存空间已经变为 191 504 KB。

还有另一种方法可以直接删除文件，而不需要经过清空回收站。使用 delete /unreserved 命令删除某个文件，则该文件将被彻底删除，不能再恢复，其效果等同于执行 delete 命令之后，再在同一个目录下执行 reset recycle-bin 命令：

<YourName>delete /unreserved 20221030.mdb

The file cannot be restored. Delete cfa0:/20221030.mdb?[Y/N]:y

Deleting the file permanently will take a long time. Please wait... Deleting file cfa0:/20221030.mdb... Done.

<YourName>dir /all .trash

Directory of cfa0:/.trash

0 -rwh   0 Oct 30 2022 14:26:49   .trashinfo

252164 KB total (191536 KB free)

实验任务 3　通过 Telnet 登录

步骤 1：配置 Telnet 用户。

<YourName>sys

System View: return to User View with Ctrl+Z.

[YourName]

创建一个用户，用户名为 test。

Telnet 实验

[YourName]local-user test

New local user added.

为该用户创建登录时的认证密码，密码为 test。这里可用 password 命令指定密码配置方式。密码有两种配置方式，simple 关键字指定以明文方式配置密码，cipher 则指定以密文方式配置密码。

[YourName-luser-manage-test] password simple test

设置该用户使用 telnet 服务类型，该用户的用户角色 user-role 为 level-0 (level-number 中的 number 对应用户角色的级别，数值越小，用户的权限级别越低)：

[YourName-luser-manage-test] service-type telnet

[YourName-luser-manage-test] authorization-attribute user-role level-0

[YourName-luser-manage-test] quit

[YourName]

步骤 2：配置 super 口令。

super 命令用来将用户从当前级别切换到指定级别。将用户切换到 level-15，密码设置为 H3C，使用明文配置：

[YourName] super password role level-15 simple H3C

步骤 3：配置登录欢迎信息。

设置登录验证时的欢迎信息为 "Welcome to H3C world!"，"%" 为 text 的结束字符，在显示文本后输入 "%" 表示文本结束，退出 header 命令：

[YourName]header login

Please input banner content, and quit with the character '%'.

Welcome to H3C world!%

[YourName]

步骤 4：配置对 Telnet 用户使用缺省的本地认证。

进入 VTY 0 ~ 63 用户线，系统支持 64 个 VTY 用户同时访问。VTY 口属于逻辑终端线，用于对设备进行 Telnet 或 SSH 访问：

[YourName]line vty 0 63

路由器可以采用本地或第三方服务器来对用户进行认证，这里使用本地认证授权方式(认证模式为 scheme)：

[YourName-line-vty0-63]authentication-mode scheme

步骤 5：进入接口视图，配置以太口和 PC 网卡地址。

使用 interface 命令进入以太网接口视图，使用命令 ip address 配置路由器以太口地址：

[YourName]interface GigabitEthernet 0/1

[YourName-GigabitEthernet0/1]ip add 192.168.0.1 255.255.255.0

[YourName-GigabitEthernet0/1]

同时为 PC 设置一个与路由器接口相同网段的 IP 地址 192.168.0.10/24。右键单击 "PC" 图标选择 "配置"，如图 1-1-5 所示。

图 1-1-5　配置 PC

在"配置 PC"窗口中输入 IP 地址，并"启用"（注意："接口管理"应保持"启用"被选中）。确保地址信息在上状态栏显示，接口状态为"UP"即表示地址配置成功，如图 1-1-6 所示。

图 1-1-6　PC 地址配置

配置完 PC 后，刷新，可看到路由器接口 GigabitEthernet 0/1 状态为 UP。

%Oct 30 14:44:53:892 2022 YourName IFNET/3/PHY_UPDOWN: Physical state on the interface GigabitEthernet0/1 changed to up.

%Oct 30 14:44:53:893 2022 YourName IFNET/5/LINK_UPDOWN: Line protocol state on the interface GigabitEthernet0/1 changed to up.

步骤 6：打开 Telnet 服务。

[YourName]telnet server enable

步骤 7：使用 Telnet 登录。

在 PC 命令行窗口中，Telnet 路由器的以太口 IP 地址，并键入回车：

[PC]telnet 192.168.0.1

输入 Telnet 用户名及口令，进入配置界面，使用"?"查看此时该用户角色（level-0）可使用的命令。由于此时登录用户处于最低级别，所以只能看到并使用有限的几个命令。

步骤 8：更改登录用户级别。

使用 super 命令切换用户级别，输入 super 口令，进入 level-15，与 level-0 能够使用的命令进行对比。

[PC] super level-15
Password:

注意：此时输入密码无回显。

步骤 9：保存配置，重新启动。

先使用 save 命令保存当前配置到设备存储介质中，再使用 reboot 命令重新启动系统。

实验任务 4　通过 Console 登录

步骤 1：连接配置电缆。

将 PC（或终端）的串口通过标准 Console 电缆与路由器的 Console 口连接：电缆的 RJ-45 接口一端连接路由器的 Console 口；9 针 RS-232 接口一端连接计算机的串行口。但目前很多笔记本计算机或者台式计算机没有串行接口，通常需要一条 USB 转 DB9 连接线实现计算机 USB 接口到通用串口之间的转换，或者直接使用 USB 转 RJ45 网口的 Console 线。

步骤 2：启动 PC，运行超级终端。

在 PC 桌面上运行软件 PuTTY，会显示出连接会话页面，如图 1-1-7 所示。

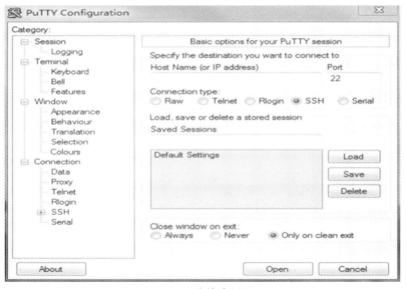

图 1-1-7　连接会话页面

在通过 Console 口登录设备时，选择连接方式为"Serial"（串口）；在串口线中选择合适的 COM 口，本实验中 PC 连接 Console 线缆的接口是"COM4"；波特率使用默认的参数"9600"　即可，如图 1-1-8 所示。

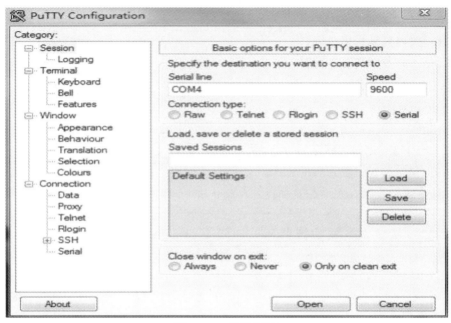

图 1-1-8 参数界面

步骤 3：进入 Console 配置界面。

配置好之后，点选"Open"，即可进入设备配置页面，如图 1-1-9 所示。

图 1-1-9 配置界面

1.4 实验中的命令列表

实验中的命令列表如表 1-1-1 所示。

表 1-1-1　命令列表

命　令	描　述
system-view	进入系统视图
sysname	更改设备名
quit	退出
clock	更改时钟配置
display current-configuration	显示当前配置
display saved-configuration	显示保存配置
reset saved-configuration	清空保存配置
pwd	显示当前目录
dir	列目录
more	显示文本文件
cd	更改当前目录
delete	删除文件
reset recycle-bin	清空回收站
local-user	配置本地用户
super password role	配置 Super 口令
header login	配置 Login 欢迎信息
line vty	进入用户线
authentication-mode	设置认证模式
telnet server enable	启动 Telnet
save	保存配置
reboot	重启系统

实验 2　网络基本连接与调试

2.1　实验内容与目标

完成本实验，学员应该能够：
（1）掌握路由器相连的基本方法。
（2）掌握 ping、tracert 系统连通检测命令的使用方法。
（3）掌握 debugging 命令的使用方法。

网络设备基本调试实验

2.2　实验组网图

实验组网如图 1-2-1 所示。

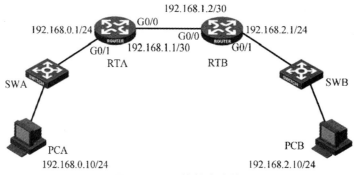

图 1-2-1　网络基本连接

2.3　实验过程

实验任务 1　搭建基本连接环境

本实验任务供学员熟悉并掌握路由器、交换机、PC 的基本网络连接配置。
步骤 1：完成 PC、交换机、路由器互联。
在教师指导下，完成 2 台路由器通过以太口 G0/0 "背靠背"相连；2 台路由器以太口 G0/1 分别下接 1 台交换机（S5820V2）；PC 通过网线连接到交换机端口上，如图 1-2-1 所示。
步骤 2：配置 IP 地址。
将所有设备的配置清空重启后开始下面的配置。
使用 ip address 命令配置路由器的以太口 IP 地址。
RTA 的配置如下：

[H3C]sysname RTA

[RTA]interface GigabitEthernet 0/1

[RTA-GigabitEthernet0/1]ip add 192.168.0.1 24

[RTA]interface GigabitEthernet 0/0

[RTA-Serial1/0]ip address 192.168.1.1 30

RTB 的配置如下：

[H3C]sysname RTB

[RTB]interface GigabitEthernet 0/1

[RTB-GigabitEthernet0/1]ip add 192.168.2.1 24

[RTA]interface GigabitEthernet 0/0

[RTA-Serial1/0]ip address 192.168.1.2 30

PCA 的网络 IP 地址设置如图 1-2-2 所示。

图 1-2-2　PCA IP 地址配置

PCA 通过二层交换机连接到路由器接口 G0/1，那么 PCA 的网关地址应设置为路由器的接口 G0/1 的 IP 地址。

实验任务 2　使用 ping 命令检查连通性

步骤 1：RTA ping RTB。

通过 PuTTY 登录到 RTA 后，ping RTB 的以太口 G0/0，检查路由器之间的连通性。

[RTA]ping 192.168.1.2

Ping 192.168.1.2 (192.168.1.2): 56 data bytes, press CTRL_C to break

56	bytes	from 192.168.1.2: icmp_seq=0	ttl=255	time=24.696	ms
56	bytes	from 192.168.1.2: icmp_seq=1	ttl=255	time=24.235	ms
56	bytes	from 192.168.1.2: icmp_seq=2	ttl=255	time=24.058	ms
56	bytes	from 192.168.1.2: icmp_seq=3	ttl=255	time=24.251	ms
56	bytes	from 192.168.1.2: icmp_seq=4	ttl=255	time=24.121	ms

--- Ping statistics for 192.168.1.2 ---

5 packets transmitted, 5 packets received, 0.0% packet loss

round-trip min/avg/max/std-dev = 24.058/24.272/24.696/0.224 ms

[RTA]%Oct 30 16:56:30:560 2022 RTA PING/6/PING_STATISTICS: Ping statistics for 192.168.1.2: 5 packets transmitted, 5 packets received, 0.0% packet loss, round-trip min/avg/max/std-dev = 24.058/24.272/24.696/0.224 ms.

结果显示，RTA 收到了 ICMP 的 Echo Reply（回应报文），RTA 可以 ping 通 RTB，反之亦然。

这里路由器默认是发送 5 个 ICMP 请求报文，每个大小是 56 B，所以 ping 成功后，会收到 5 个 Reply 报文。而 Windows 默认是发送 4 个 ICMP 请求报文，每个大小是 32 B。

查看路由器 ping 命令携带的参数：

[H3C]ping ?

-a	Specify the source IP address
-c	Specify the number of echo requests
-f	Specify packets not to be fragmented
-h	Specify the TTL value
-i	Specify an outgoing interface
-m	Specify the interval for sending echo requests
-n	Numeric output only. No attempt will be made to lookup host addresses for symbolic names
-p	No more than 8 "pad" hexadecimal characters to fill out the sent packet. For example, -p f2 will fill the sent packet with 000000f2 repeatedly
-q	Display only summary
-r	Record route. Include the RECORD_ROUTE option in the ECHO_REQUEST packets and display the route
-s	Specify the payload length
-t	Specify the wait time for each reply
-tos	Specify the TOS value
-v	Display the received ICMP packets other than ECHO-RESPONSE packets
-vpn-instance	Specify a VPN instance

STRING<1-253>   IP address or hostname of remote system

arp   Address Resolution Protocol (ARP) module

evpn   Ethernet virtual private network module

ip   IP information

ipv6   IPv6 information

mpls   MPLS ping

nd   IPv6 neighbor discovery

trill   TRansparent Interconnection of Lots of Links (TRILL) module

例如，可以使用参数-c 来设定发送 50 个 ping 报文：

<RTA>ping -c 50 192.168.1.2

可以使用-s 参数来设定发送 ping 报文的字节为 512 B：

<RTA>ping -s 512 192.168.1.2

Ping 192.168.1.2 (192.168.1.2): 512 data bytes, press CTRL_C to break

512 bytes   from 192.168.1.2: icmp_seq=0   ttl=255   time=140.468ms

512 bytes   from 192.168.1.2: icmp_seq=1   ttl=255   time=140.232ms

512 bytes   from 192.168.1.2: icmp_seq=2   ttl=255   time=140.099ms

512 bytes   from 192.168.1.2: icmp_seq=3   ttl=255   time=140.228ms

512 bytes from 192.168.1.2: icmp_seq=4 ttl=255 time=140.216 ms

--- Ping statistics for 192.168.1.2 ---

5 packets transmitted, 5 packets received, 0.0% packet loss

round-trip min/avg/max/std-dev = 140.099/140.249/140.468/0.120 ms

[RTA]%Oct 30 17:00:57:047 2022 RTA PING/6/PING_STATISTICS: Ping statistics for

192.168.1.2: 5 packets transmitted, 5 packets received, 0.0% packet loss,

round-trip min/avg/max/std-dev = 140.099/140.249/140.468/0.120 ms.

也可以使用-a 参数来设定 ping 报文的源地址，在网络调试中常常使用加源 ping 来检查
网络的连通性。这里使用 RTA 接口 G0/1 地址为源，ping PCB：

<RTA>ping -a 192.168.0.1 192.168.2.10

Ping 192.168.2.10 (192.168.2.10) from 192.168.0.1: 56 data bytes, press CTRL_C

to break

Request time out

Request time out

Request time out

Request time out

Request time out

--- Ping statistics for 192.168.2.10 ---

5 packets transmitted, 0 packets received, 100.0% packet loss

[RTA]%Oct 30 17:01:44:917 2022 RTA PING/6/PING_STATISTICS: Ping statistics for

192.168.2.10: 5 packets transmitted, 0 packets received, 100.0% packet loss.

加源地址 ping 时，只能使用设备自身的本地接口地址。

步骤 2：PCA ping RTA。

进入 PCA 命令行窗口， ping RTA 的 G0/1 和 G0/0 的 IP 地址，如图 1-2-3 所示。

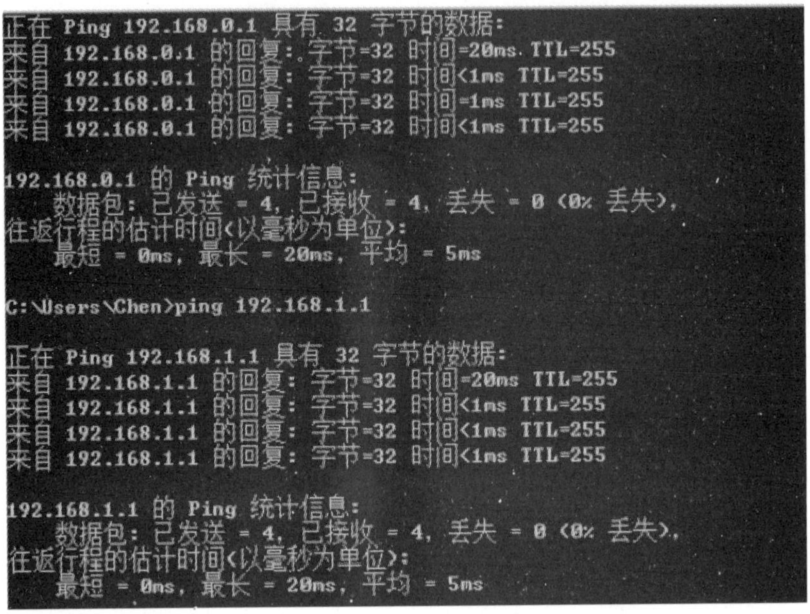

```
正在 Ping 192.168.0.1 具有 32 字节的数据:
来自 192.168.0.1 的回复: 字节=32 时间=20ms TTL=255
来自 192.168.0.1 的回复: 字节=32 时间<1ms TTL=255
来自 192.168.0.1 的回复: 字节=32 时间=1ms TTL=255
来自 192.168.0.1 的回复: 字节=32 时间<1ms TTL=255

192.168.0.1 的 Ping 统计信息:
    数据包: 已发送 = 4，已接收 = 4，丢失 = 0 (0% 丢失)，
往返行程的估计时间(以毫秒为单位):
    最短 = 0ms，最长 = 20ms，平均 = 5ms

C:\Users\Chen>ping 192.168.1.1

正在 Ping 192.168.1.1 具有 32 字节的数据:
来自 192.168.1.1 的回复: 字节=32 时间=20ms TTL=255
来自 192.168.1.1 的回复: 字节=32 时间<1ms TTL=255
来自 192.168.1.1 的回复: 字节=32 时间<1ms TTL=255
来自 192.168.1.1 的回复: 字节=32 时间<1ms TTL=255

192.168.1.1 的 Ping 统计信息:
    数据包: 已发送 = 4，已接收 = 4，丢失 = 0 (0% 丢失)，
往返行程的估计时间(以毫秒为单位):
    最短 = 0ms，最长 = 20ms，平均 = 5ms
```

图 1-2-3　ping RTA 的 G0/1 口和 G0/0 口的 IP 地址

步骤 3：PCA ping RTB。

进入 PCA 命令行窗口，ping RTB 的接口 G0/0 的 IP 地址，如图 1-2-4 所示。

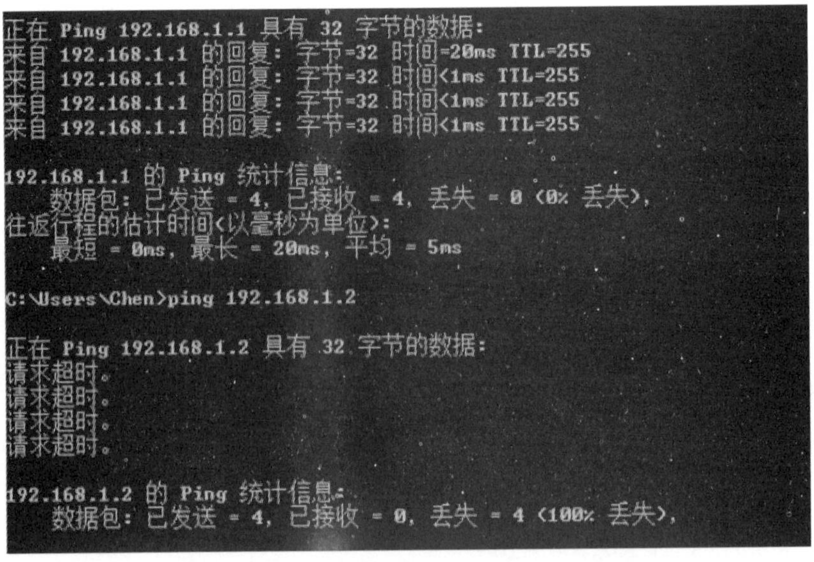

```
正在 Ping 192.168.1.1 具有 32 字节的数据:
来自 192.168.1.1 的回复: 字节=32 时间=20ms TTL=255
来自 192.168.1.1 的回复: 字节=32 时间<1ms TTL=255
来自 192.168.1.1 的回复: 字节=32 时间<1ms TTL=255
来自 192.168.1.1 的回复: 字节=32 时间<1ms TTL=255

192.168.1.1 的 Ping 统计信息:
    数据包: 已发送 = 4，已接收 = 4，丢失 = 0 (0% 丢失)，
往返行程的估计时间(以毫秒为单位):
    最短 = 0ms，最长 = 20ms，平均 = 5ms

C:\Users\Chen>ping 192.168.1.2

正在 Ping 192.168.1.2 具有 32 字节的数据:
请求超时。
请求超时。
请求超时。
请求超时。

192.168.1.2 的 Ping 统计信息:
    数据包: 已发送 = 4，已接收 = 0，丢失 = 4 (100% 丢失)，
```

图 1-2-4　ping RTB 的接口 G0/0 的 IP 地址

步骤 4： PCA ping PCB。

进入 PCA 命令行窗口，ping PCB 的 IP 地址，如图 1-2-5 所示。

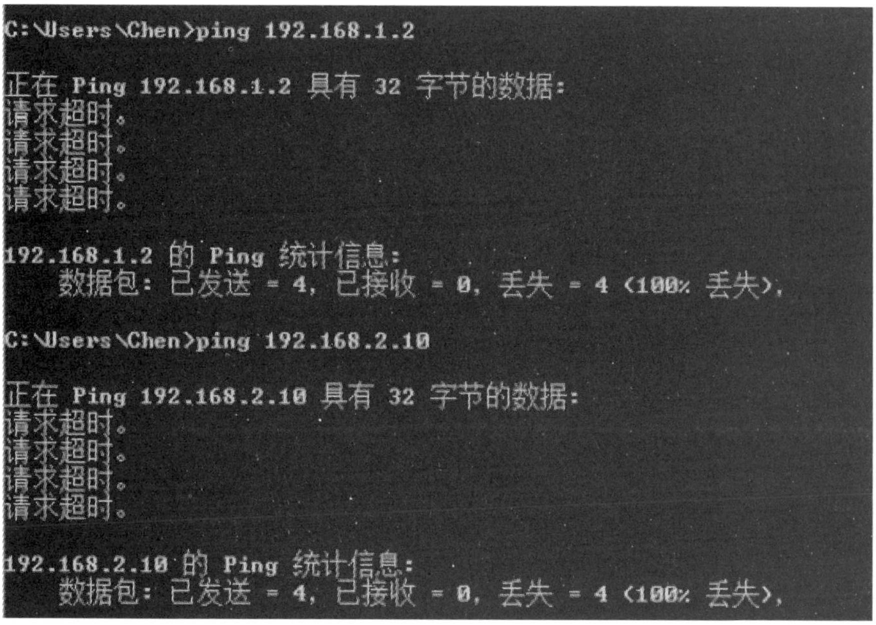

图 1-2-5　ping PCB 的 IP 地址

结果显示，PCA 无法 ping 通 PCB 的 IP 地址。这是为什么呢？

让我们一步一步来排查为什么 ping 不通。

首先，PCA ping RTA 的 G0/1 端口和 G0/0，结果显示可以 ping 通。

其次，PCA ping RTB 的 G0/0 端口，结果显示无法 ping 通。

最后，PCA ping PCB，结果显示无法 ping 通。

结果表明，PCA 发送给 RTB 和 PCB 的 ICMP 请求报文（Echo Request）后，没有收到回应报文。

在 RTA 上使用 display ip routing-table 命令查看一下 RTA 的路由表：

[RTA]display ip routing-table

Destinations : 17　　　　Routes : 17

Destination/Mask	Proto	Pre	Cost	NextHop	Interface
0.0.0.0/32	Direct	0	0	127.0.0.1	InLoop0
127.0.0.0/8	Direct	0	0	127.0.0.1	InLoop0
127.0.0.0/32	Direct	0	0	127.0.0.1	InLoop0
127.0.0.1/32	Direct	0	0	127.0.0.1	InLoop0
127.255.255.255/32	Direct	0	0	127.0.0.1	InLoop0
192.168.0.0/24	Direct	0	0	192.168.0.1	GE0/1
192.168.0.0/32	Direct	0	0	192.168.0.1	GE0/1
192.168.0.1/32	Direct	0	0	127.0.0.1	InLoop0

192.168.0.255/32	Direct	0	0	192.168.0.1	GE0/1
192.168.1.0/30	Direct	0	0	192.168.1.1	G0/0
192.168.1.0/32	Direct	0	0	192.168.1.1	G0/0
192.168.1.1/32	Direct	0	0	127.0.0.1	InLoop0
192.168.1.2/32	Direct	0	0	192.168.1.2	G0/0
192.168.1.3/32	Direct	0	0	192.168.1.1	G0/0
224.0.0.0/4	Direct	0	0	0.0.0.0	NULL0
224.0.0.0/24	Direct	0	0	0.0.0.0	NULL0
255.255.255.255/32	Direct	0	0	127.0.0.1	InLoop0

在路由表 Destination 项中，没有看到 192.168.2.0 表项，所以当 RTA 收到 PCA 发送给 PCB 的 ping 报文后，不知道如何转发，则会丢弃该报文，结果就是 PCA 无法 ping 通 PCB。

但是在路由表中，有具体路由表项 192.168.1.2，为什么 PCA 还是无法 ping 通 RTB 的以太口 G0/0 呢？因为在 RTB 的路由表中没有 192.168.0.0 表项，所以虽然 RTA 将 PCA ping 请求报文发送给了 RTB，但是 RTB 不知道如何转发 ping 的回应报文给 PCA。所以，PCA 也无法 ping 通 RTB 的以太口 G0/0。

通过上面的分析，对步骤 1 最后一项测试“<RTA>ping -a 192.168.0.1 192.168.2.10 ”不通的原因就非常清楚了，就是 RTA 没有到 192.168.2.0/24 网段的路由，RTB 也没有到达 192.168.0.0/24 网段的路由。

步骤 5：配置静态路由。

使用 ip route-static 命令分别在路由器 RTA 和 RTB 上配置静态路由，目的网段为对端路由器与 PC 的互联网段，并将路由下一跳指向对端路由器的接口地址。

RTA 上配置

```
[RTA]ip route-static 192.168.2.0 255.255.255.0 192.168.1.2
```

RTB 上配置

```
[RTB]ip route-static 192.168.0.0 255.255.255.0 192.168.1.1
```

步骤 6：PCA ping PCB。

如图 1-2-6 所示，在 RTA 和 RTB 上配置完静态路由后，PCA 可以 ping 通 PCB。

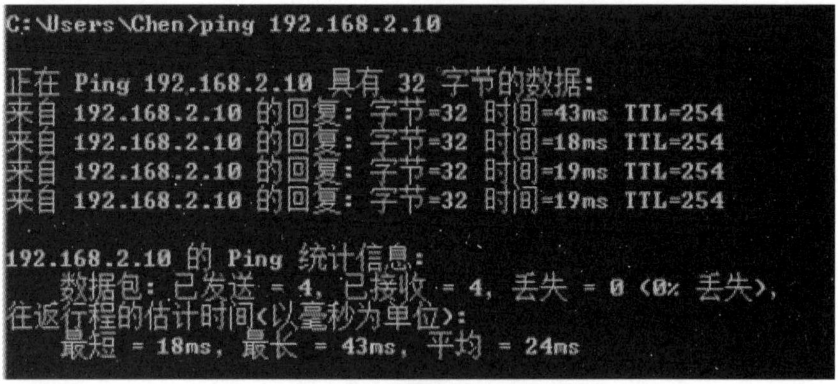

```
C:\Users\Chen>ping 192.168.2.10

正在 Ping 192.168.2.10 具有 32 字节的数据:
来自 192.168.2.10 的回复: 字节=32 时间=43ms TTL=254
来自 192.168.2.10 的回复: 字节=32 时间=18ms TTL=254
来自 192.168.2.10 的回复: 字节=32 时间=19ms TTL=254
来自 192.168.2.10 的回复: 字节=32 时间=19ms TTL=254

192.168.2.10 的 Ping 统计信息:
    数据包: 已发送 = 4，已接收 = 4，丢失 = 0 (0% 丢失)，
往返行程的估计时间(以毫秒为单位):
    最短 = 18ms，最长 = 43ms，平均 = 24ms
```

图 1-2-6　PCA ping PCB

步骤 7: 以 RTA 接口 G0/1 地址为源，ping PCB。

[RTA]ping -a 192.168.0.1 192.168.2.10

Ping 192.168.2.10 (192.168.2.10) from 192.168.0.1: 56 data bytes, press CTRL_C to break

56 bytes from 192.168.2.10: icmp_seq=0 ttl=255 time=24.344 ms

56 bytes from 192.168.2.10: icmp_seq=1 ttl=255 time=24.124 ms

56 bytes from 192.168.2.10: icmp_seq=2 ttl=255 time=24.203 ms

56 bytes from 192.168.2.10: icmp_seq=3 ttl=255 time=26.307 ms

56 bytes from 192.168.2.10: icmp_seq=4 ttl=255 time=24.233 ms

--- Ping statistics for 192.168.2.10 ---

5 packets transmitted, 5 packets received, 0.0% packet loss

round-trip min/avg/max/std-dev = 24.124/24.642/26.307/0.835 ms

[RTA]%Oct 30 17:23:57:840 2022 RTA PING/6/PING_STATISTICS: Ping statistics for 192.168.2.10: 5 packets transmitted, 5 packets received, 0.0% packet loss, round-trip min/avg/max/std-dev = 24.124/24.642/26.307/0.835 ms.

实验任务 3　使用 tracert 命令检查连通性

通过使用 tracert 命令，用户可以查看报文从源设备传送到目的设备所经过的路由节点。当网络出现故障时，用户可以使用该命令分析出现故障的网络节点。

步骤 1: PCA tracert PCB。

进入 PCA 命令行窗口，tracert PCB 的 IP 地址，如图 1-2-7 所示。

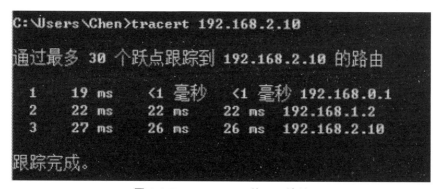

图 1-2-7　tracert PCB 的 IP 地址

从显示结果看，PCA 收到了 3 个 TTL 超时 ICMP 报文，第 1 跳为 192.168.0.1，表明第 1 个报文是由 RTA 返回，以此类推，第 2 个报文由 RTB 返回，第 3 个报文由 PCB 返回，可见这 3 个网络节点都是 IP 可达的。如果其中一个节点是不可达的，则不会返回 TTL 超时报文，从而判断该网络节点为故障网络节点，IP 不可达。

步骤 2: 在 RTA 上 tracert PCB。

在 RTA 上执行 tracert PCB 的 IP 地址:

<RTA>tracert 192.168.2.10

traceroute to 192.168.2.10 (192.168.2.10), 30 hops at most, 52 bytes each packet,

press CTRL_C to break

1 192.168.1.2 (192.168.1.2) 16.691 ms 16.620 ms 16.556 ms

2 192.168.2.10 (192.168.2.10) 16.636 ms 16.624 ms 16.569 ms

结果显示第 1 跳为 RTB, 第 2 跳为 PCB。

查看路由器 tracert 命令携带的参数:

<RTA>tracert ?

-a   Specify the source IP address used by TRACERT

-f   Specify the TTL value for the first packet

-m   Specify the maximum TTL value

-p   Specify the destination UDP port number

-q   Specify the number of probe packets sent each time

-t   Set the Type of Service (ToS) value

-topology   Specify a topology

-vpn-instance Specify a VPN instance

-w   Set the timeout to wait for each reply

STRING<1-253> IP address or hostname of the destination device

ipv6   IPv6 information

实验任务 4 使用 debugging 命令查看调试信息

步骤 1: 开启 RTB 终端对信息的监视和显示功能。

在 RTB 上执行命令 terminal monitor 用于开启终端对系统信息的监视功能, 执行命令 terminal debugging 用于开启终端对调试信息的显示功能。

<RTB>terminal monitor

The current terminal is enabled to display logs.

<RTB>terminal debugging

The current terminal is enabled to display debugging logs.

步骤 2: 打开 RTB 上 ICMP 的调试开关。

在 RTB 上执行命令 debugging ip icmp 用于开启系统 ICMP 模块的调试功能。

<RTB>debugging ip icmp

步骤 3: 在 RTA 上 ping RTB, 观察 RTB 调试信息输出。

在 RTA 上 ping RTB 的 G0/0 口, 连续发送 10 个 ping 报文。

<RTA>ping -c 10 192.168.1.2

在 RTB 上观察 debugging 信息输出：

*Oct 30 17:41:30:970 2022 RTB SOCKET/7/ICMP:

Time(s):1414690890 ICMP Input:

ICMP Packet: src = 192.168.1.1, dst = 192.168.1.2

type = 8, code = 0 (echo)

*Oct 30 17:41:30:970 2022 RTB SOCKET/7/ICMP:

Time(s):1414690890 ICMP Output:

ICMP Packet: src = 192.168.1.2, dst = 192.168.1.1

type = 0, code = 0 (echo-reply)

*Oct 30 17:41:31:195 2022 RTB SOCKET/7/ICMP:

Time(s):1414690891 ICMP Input:

ICMP Packet: src = 192.168.1.1, dst = 192.168.1.2

type = 8, code = 0 (echo)

*Oct 30 17:41:31:195 2022 RTB SOCKET/7/ICMP:

Time(s):1414690891 ICMP Output:

ICMP Packet: src = 192.168.1.2, dst = 192.168.1.1

type = 0, code = 0 (echo-reply)

第 1 条信息为 RTB 收到 ICMP 报文，类型 Type=8 为 Echo 报文，源地址为 192.168.1.1，目的地址为 192.168.1.2。第 2 条信息为 RTB 发出的 ICMP 报文，类型 Type=0 为 Echo-Reply 报文，源地址为 192.168.1.2，目的地址为 192.168.1.1。

步骤 4：关闭调试开关。

调试结束后，使用 undo debugging all 命令，关闭所有模块的调试开关。

2.4　实验中的命令列表

实验中的命令列表如表 1-2-1 所示。

表 1-2-1　命令列表

命令	描述
ip address	配置 IP 地址
ip route-static	配置静态路由
ping	检测连通性
tracert	探测转发路径
terminal monitor	开启终端对系统信息的监视功能
terminal debugging	开启终端对调试信息的显示功能
debugging	打开系统指定模块调试开关

第 2 部分　高可靠性设计

◆　预备知识和技能

1. 交换机

交换机是构建局域网的基础设备,其工作在数据链路层,因此又称二层交换机,基于 MAC (媒体访问控制协议)地址进行数据帧的转发。交换机的每个接口都可直接连接单台主机或另一台交换机,并以全双工方式工作。交换机的接口可相互独立地发送和接收数据,各接口属于不同的冲突域,因此可以有效地隔离网络中物理层冲突域,使通过它相互通信的主机可以独占传输媒体,无碰撞地传输数据。

2. 交换机的工作原理

交换机拥有一条很高带宽的背部总线和内部交换矩阵。背部总线上连接着交换机的所有接口,同时还有一个 MAC 地址与接口之间的映射表,即 MAC 地址表。当交换机接口收到一个数据帧后,会查看该帧首部的目的 MAC 地址,并依据 MAC 地址表,将该帧从对应的目的接口转发出去。

交换机的多对接口可同时进行数据传输并独享接口带宽。例如对于 10 Mb/s 以太网交换机,其接口 A 以 10 Mb/s 速率向接口 D 发送数据,其接口 B 可同时以 10 Mb/s 速率向接口 C 发送数据。

3. MAC 地址表的生成方式

交换机内部会维护一张 MAC 地址表,其中包含接入设备的 MAC 地址与接口之间的对应关系,交换机依据 MAC 地址表进行数据的转发,MAC 地址表的形成方式有两种:自动生成和手工配置

1)自动生成 MAC 地址表项

一般情况下,MAC 地址表是设备通过源 MAC 地址学习过程而自动建立的。

交换机只要收到一个帧,就记下其源地址和进入交换机的接口,在 MAC 地址表中形成一条转发记录,具体过程如下:

(1)交换机接收到一个数据帧时,会提取该帧的源 MAC 与进入接口的映射关系并检查

MAC 地址表，若交换机 MAC 地址表中存在该映射关系，则更新其生存期限，否则，保存该映射关系。

（2）判断该数据帧的目的 MAC 是广播帧（全 1 地址）还是单播帧。若是广播帧，则向所有接口（除源接口）转发该数据帧；若是单播帧，则根据目的 MAC 查找转发接口。

（3）此时，若交换机 MAC 地址表中存在对应映射，则按照映射进行单播；若无此映射，则广播（除源接口）该帧。

（4）这时，若有接口回送信息，交换机将应答中的"源 MAC 地址"与接口的映射添加到已有 MAC 地址表中。

交换机由于能够自动学习、存储、更新 MAC 地址映射关系，因此使用的时间越长，学到的 MAC 地址就越多，未知的 MAC 地址就越少，广播包就越少，转发速度就越快。

提醒：为适应网络的变化，MAC 地址表需要不断更新，MAC 地址表中自动生成的表项并非永远有效，每一条表项都有一个生存周期（即老化时间），到达生存周期仍得不到刷新的表项将被删除。如果在到达生存周期前记录被刷新，则该表项的老化时间应重新计算。

2）手工配置 MAC 地址表项

为了提高交换机接口安全性，网络管理员可手工在 MAC 地址表中加入特定 MAC 地址表项，将用户设备与接口绑定，从而有效控制能够接入交换机的设备。手工配置的 MAC 地址表项优先级高于自动生成的表项。

提醒：静态 MAC 地址表项建立后，静态 MAC 地址表项不会被老化。当收到指定 MAC 地址的帧后，设备直接通过出接口转发。配置并保存后，当系统复位或接口板热插拔时 MAC 地址表项不会丢失。

4. VLAN 基本概念

VLAN（Virtual Local Area Network，虚拟局域网），是将一个物理的 LAN 在逻辑上划分成多个广播域的通信技术。归属同一 VLAN 的主机间可以直接通信，而归属不同 VLAN 的主机间不能直接互通，从而实现将广播报文限制在一个 VLAN 内部。

5. VLAN 的帧格式

传统的以太网数据帧在目的 MAC 地址和源 MAC 地址之后封装的是上层协议的类型字段，如图 2-0-1 所示。

字节	6	6	2	46~1 500	4
	目 的 地 址	源 地 址	类 型	数 据	FCS

图 2-0-1　以太网数据帧格式

IEEE 802.1Q 是虚拟局域网（VLAN）的正式标准，对 Ethernet 帧格式进行了修改，在源

MAC 地址字段和协议类型字段之间加入 4 字节的 802.1Q 标记（Tag），如图 2-0-2 所示。

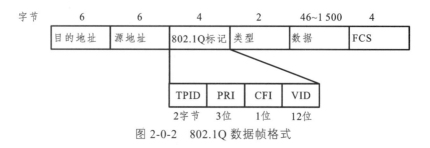

图 2-0-2　802.1Q 数据帧格式

802.1Q 标记包含 4 个字段，各字段解释如表 2-0-1 所示。

表 2-0-1　802.1Q 标记各字段含义

字 段	名 称	解 释
TPID	Tag Protocol Identifier（标记协议标识符），表示帧的类型	值为 0x8100 时表示 802.1Q 标记帧。如果不支持 802.1Q 的设备收到这样的帧，会将其丢弃
PRI	Priority，表示帧的优先级	取值范围为 0~7，值越大优先级越高。用于当交换机阻塞时，优先发送优先级高的数据帧
CFI	Canonical Format Indicator（标准格式指示位），表示 MAC 地址是否是经典格式	CFI 为 0 说明是经典格式，CFI 为 1 表示为非经典格式，用于兼容以太网和令牌环网。在以太网中，CFI 的值为 0
VID	VLAN ID，表示该帧所属的 VLAN 编号	VLAN ID 的值范围是 0~4 095。0 和 4 095 为协议保留值

在一个 VLAN 交换网络中，以太网帧有以下两种形式：

（1）有标记帧（tagged frame）：加入了 4 字节 802.1Q 标记的帧。

（2）无标记帧（untagged frame）：原始的、未加入 4 字节 802.1Q 标记的帧。

6. 链路类型

VLAN 中有以下两种链路类型：

（1）接入链路（Access Link）：用于连接用户主机和交换机的链路。通常情况下，主机并不需要知道自己属于哪个 VLAN，主机硬件通常也不能识别带有 VLAN 标记的帧。因此主机发送和接收的帧是不带标记的帧。

（2）干道链路（Trunk Link）：通常用于交换机间的连接。干道链路可承载多个不同 VLAN 数据，数据帧在干道链路传输时，干道链的两端设备需要能够识别数据帧属于哪个 VLAN，所以在干道链路上传输的帧通常是带标记的帧。

7. VLAN 划分方法

VLAN 划分方法如表 2-0-2 所示。

表 2-0-2　VLAN 划分方法列表

VLAN 创建方式	原理	优点	缺点
基于接口	根据交换机的接口来划分 VLAN。网络管理员可以给交换机的每个接口配置不同的 PVID。当一个普通数据帧进入配置了 PVID 的交换机接口时，该数据帧就会被打上该接口的 PVID 标记。对 VLAN 帧的处理由接口类型决定	VLAN 的成员接口定义简单	VLAN 内的接口成员在移动时需要重新配置 VLAN
基于 MAC 地址	根据接入网络的计算机网卡的 MAC 地址来划分 VLAN。网络管理员配置 MAC 地址和 VLAN ID 映射关系表，如果交换机收到的是 untagged（不带 VLAN 标记)帧，则依据该表添加 VLAN ID	当终端用户的物理位置发生改变，不需要重新配置 VLAN，提高了终端用户的安全性和接入的灵活性	只适用于网卡不经常更换网络环境较简单的场景，需要预先定义网络中所有成员
基于子网划分	如果交换设备收到的是 untagged（不带 VLAN 标记）帧，交换设备根据报文中的 IP 地址信息，确定添加的 VLAN ID	将指定网段或 IP 地址发出的报文在指定的 VLAN 中传输，减轻了网络管理者的任务量，且有利于管理	网络中的用户分布需要有规律，且多个用户在同一个网段
基于协议划分	根据接口接收到的报文所属的协议（族）类型及封装格式来给报文分配不同的 VLAN ID。网络管理员需要配置以太网帧中的协议域和 VLAN ID 的映射关系表，如果收到的是 untagged（不带 VLAN 标记)帧，则依据该表添加 VLAN ID	基于协议划分 VLAN，将网络中提供的服务类型与 VLAN 相绑定，方便管理和维护	需要对网络中所有的协议类型和 VLAN ID 的映射关系表进行初始配置。需要分析各种协议的地址格式并进行相应的转换，消耗交换机较多的资源
基于匹配策略（MAC 地址、IP 地址、接口）	基于匹配策略划分 VLAN 是指在交换机上配置终端的 MAC 地址和 IP 地址，并与 VLAN 关联。只有符合条件的终端才能加入指定 VLAN。符合策略的终端加入指定 VLAN 后,严禁修改 IP 地址或 MAC 地址，否则会导致终端从指定 VLAN 中退出	安全性非常高，基于 MAC 地址和 IP 地址成功划分 VLAN 后禁止用户改变 IP 地址或 MAC 地址	针对每一条策略都需要手工配置

8. 接口类型

在 802.1Q 中定义 VLAN 后，设备的有些接口可以识别 VLAN 帧，有些接口不能识别 VLAN 帧。根据对 VLAN 帧的识别情况，将接口分为以下 4 类。

1）Access 接口

Access 接口是交换机上用来连接用户主机的接口，它只能连接接入链路，仅允许唯一的 VLAN ID 通过本接口，这个 VLAN ID 与接口的缺省 VLAN ID 相同，Access 接口发往对端设备的以太网帧永远是不带标记的帧。

2）Trunk 接口

Trunk 接口是交换机上用来和其他交换机连接的接口，它只能连接干道链路，允许多个 VLAN 的帧（带 VLAN 标记）通过。

3）Hybrid 接口

Hybrid 接口是交换机上既可以连接用户主机，又可以连接其他交换机的接口。Hybrid 接口既可以连接接入链路又可以连接干道链路。Hybrid 接口允许多个 VLAN 的帧通过，并可以在出接口方向将某些 VLAN 帧的标记剥掉。

4）QinQ 接口

QinQ（802.1Q-in-802.1Q）接口是使用 QinQ 协议的接口。QinQ 接口可以给帧加上双重 VLAN 标记，即在原来标记的基础上，给帧加上一个新的标记，从而可以支持多达 4 094 × 4 094 个 VLAN（不同的产品支持不同的规格），满足网络对 VLAN 数量的需求。

QinQ 帧的格式如图 2-0-3 所示。外层的标记通常被称作公网标记，用来存放公网的 VLAN ID；内层标记通常被称作私网标记，用来存放私网的 VLAN ID。

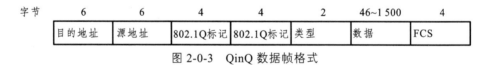

图 2-0-3　QinQ 数据帧格式

9. 不同类型接口对 VLAN 帧的处理

由于接口类型不同，对帧的处理方式也不同，如表 2-0-3 所示。

表 2-0-3　各类型接口对数据帧的处理方式

接口类型	对接收不带 VLAN 标记的报文处理	对接收带 VLAN 标记的报文处理	发送帧处理过程
Access 接口	接收该报文，VLAN 的标记并打上缺省	当 VLAN ID 与缺省 VLAN ID 相同时，接收该报文。当 VLAN ID 与缺省 VLAN ID 不同时，丢弃该报文	先剥离帧的 VLAN 标记，然后再发送

Trunk 接口	打上缺省的 VLAN ID，当缺省 VLAN ID 在允许通过的 VLAN ID 列表里时，接收该报文。打上缺省的 VLAN ID，当缺省 VLAN ID 不在允许通过的 VLAN ID 列表里时，丢弃该报文	当 VLAN ID 在接口允许通过的 VLAN ID 列表里时，接收该报文。当 VLAN ID 不在接口允许通过的 VLAN ID 列表里时，丢弃该报文	当 VLAN ID 与缺省 VLAN ID 相同，且是该接口允许通过的 VLAN ID 时，去掉标记，发送该报文。当 VLAN ID 与缺省 VLAN ID 不同，且是该接口允许通过的 VLAN ID 时，保持原有标记，发送该报文
Hybrid 接口	打上缺省的 VLAN ID，当缺省 VLAN ID 在允许通过的 VLAN ID 列表里时，接收该报文。打上缺省的 VLAN ID，当缺省 VLAN ID 不在允许通过的 VLAN ID 列表里时，丢弃该报文	当 VLAN ID 在接口允许通过的 VLAN ID 列表里时，接收该报文。当 VLAN ID 不在接口允许通过的 VLAN ID 列表里时，丢弃该报文	当 VLAN ID 是该接口允许通过的 VLAN ID 时，发送该报文。可以通过命令设置发送时是否携带标记

10. VLAN 内跨越交换机通信原理

有时属于同一个 VLAN 的用户主机被连接在不同的交换机上。当 VLAN 跨越交换机时，就需要交换机间的接口能够同时识别和发送跨越交换机的 VLAN 报文。这时，需要用到 Trunk Link 技术。Trunk Link 有两个作用：

（1）中继作用：把 VLAN 报文透传（即保留 VLAN 标记）到互联的交换机。

（2）干线作用：一条 Trunk Link 上可以传输多个 VLAN 的报文。

总结：

（1）对于主机来说，它不需要知道 VLAN 的存在。主机发出的是 untagged 报文。

（2）交换机接收到 untagged 报文后，根据 VLAN 配置规则（如接口信息）判断出报文应该属于哪个 VLAN，并给该报文加上 VLAN 标记。

（3）如果 tagged（带有 VLAN 标记）报文需要通过另一台交换机转发，则该报文必须通过干道链路（即 Trunk Link）传输透传到对端交换机上。为了保证其他交换机能够正确处理报文中的 VLAN 信息，在干道链路上传输的报文必须保留 VLAN 标记。

（4）当交换机最终确定报文出接口后，将报文发送给主机前，需要将 VLAN 标记从帧中删除，这样主机接收到的报文都是不带 VLAN 标记的以太网帧。

所以，一般情况下，干道链路上传输的都是 tagged 帧，接入链路上传送到的都是 untagged 帧。这样处理的好处是：网络中配置的 VLAN 信息可以被所有交换设备正确处理，而主机不需要了解 VLAN 信息。

下面举例说明。

在如图 2-0-4 所示的网络中，交换机 SW-1 和 SW-2 基于接口创建 VLAN。其中，Ethernet

0/0/1 都被设置为 Access 类型接口,属于 VLAN10;Ethernet 0/0/0 都设置成 Trunk 类型接口,允许 VLAN10 和 VLAN20 的标记帧通过。

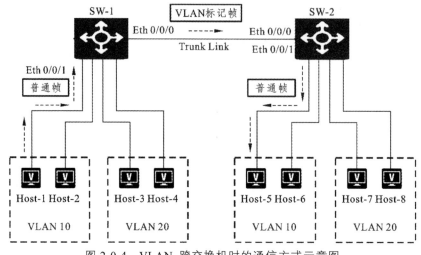

图 2-0-4　VLAN 跨交换机时的通信方式示意图

此时,当用户主机 Host-1 发送数据给用户主机 Host-5 时(假设 Host-1 已经知道 Host-5 的 IP 地址和 MAC 地址),数据帧的发送过程如下:

(1)Host-1 发出数据帧,该帧不加 VLAN 标记,是普通帧。该数据帧首先到达 SW-1 的接口 Ethernet 0/0/1。

(2)由于 Ethernet 0/0/1 是 Access 类型接口,所以其给数据帧加上 VLAN 标记,标记的 VID 字段填入该接口所属的 VLAN 编号 10。

(3)SW-1 查询自己的 MAC 地址表,发现到达目的地需要将数据帧从接口 Ethernet 0/0/0 发送出去。Ethernet 0/0/0 接口是 Trunk 类型接口,其默认的 PVID 值是 1。经过分析,Ethernet 0/0/0 接口发现将要发出的数据帧的 VID 值是 10,与自己的 PVID 值不相等,于是不去掉数据帧的 VLAN 标记,直接发送出去,于是在 SW-1 和 SW-2 之间的 Trunk 链路上出现了加 VLAN 标记的数据帧。

(4)SW-2 的 Ethernet 0/0/0 接口收到加 VLAN 标记的数据帧,经过分析,它发现该数据帧的 ID 值是 10,与自己的 PVID 值(默认是 1)不相等,于是不去掉数据帧的 VLAN 标记。

(5)SW-2 查询自己的 MAC 地址表,发现目的地 MAC 地址对应的交换机接口是 Ethernet 0/0/1,于是从 Ethernet 0/0/1 接口将数据帧发送出去。

(6)由于 SW-2 的 Ethernet 0/0/1 接口是 Access 类型接口,因此将数据帧发出时,会去掉 VLAN 标记,即将普通帧发送给主机 Host-5。

11. 生成树协议 STP

在使用以太网交换机组网时,为了增加网络的可靠性,往往会增加一些冗余链路,在这种情况下,在学习的过程中就可能导致以太网数据帧在网络的某个环路中无限地兜圈子,这种兜圈子的问题称为环路。

环路会产生广播风暴，最终导致整个网络资源被耗尽，网络瘫痪不可用。同时，其还会引起 MAC 地址表震荡，导致 MAC 地址表项被破坏。

为了解决该问题，IEEE 的 802.1D 标准制定了一个数据链路层生成树协议（Spanning Tree Protocol，STP），运行该协议的设备通过彼此交互信息发现网络中的环路，并有选择地对某个端口进行阻塞，最终将环形网络结构修剪成无环路的树形网络结构，从而防止报文在环形网络中不断循环，避免设备由于重复接收相同的报文造成处理能力下降。

12. 链路聚合

随着网络规模不断扩大，用户对链路的带宽和可靠性提出越来越高的要求。在传统技术中，常用更换高速率的接口板或更换支持高速率接口板的设备的方式来增加带宽，但这种方案需要付出高额的费用，而且不够灵活。

采用链路聚合技术可以在不进行硬件升级的条件下，通过将多个物理接口捆绑为一个逻辑接口，实现增加链路带宽的目的。链路聚合的备份机制能有效提高可靠性，同时，还可以实现流量在不同物理链路上的负载分担。

链路聚合（Link Aggregation）是将一组物理接口捆绑在一起作为一个逻辑接口来增加带宽和可靠性的一种方法。

链路聚合组（Link Aggregation Group，LAG）是指将若干条以太链路捆绑在一起所形成的逻辑链路，简写为 Eth-Trunk。

实验 3　VLAN 配置

3.1　实验内容与目标

完成本实验，学员应该能够：

（1）掌握 VLAN 的基本工作原理。

（2）掌握 Access 链路端口和 Trunk 链路端口的基本配置。

VLAN 实验

3.2　实验组网图

实验组网如图 2-3-1 所示。

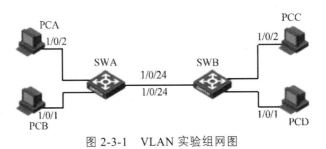

图 2-3-1　VLAN 实验组网图

3.3　实验过程

实验任务 1　配置 Access 链路端口

本实验任务通过在交换机上配置 Access 链路端口而使 PC 处于不同 VLAN，隔离 PC 间的访问，从而使学员加深对 Access 链路端口的理解。

步骤 1： 建立物理连接。

按照图 2-3-1 进行连接，并检查设备的软件版本及配置信息，确保各设备软件版本符合要求，所有配置为初始状态。如果配置不符合要求，请在用户模式下擦除设备中的配置文件，然后重启设备以使系统采用缺省的配置参数进行初始化。

以上步骤可能会用到以下命令：

```
<SWA> display version
<SWA> reset saved-configuration
<SWA> reboot
```

步骤 2：观察缺省 VLAN。

在交换机上查看 VLAN，如下所示：

[SWA]display vlan

The following VLANs exist:

1(default)

[SWA]display vlan 1

VLAN ID: 1

VLAN Type: static

Route Interface: not configured

Description: VLAN 0001

Tagged　Ports: none

Untagged Ports:

GigabitEthernet1/0/1……

……

[SWA]display interface GigabitEthernet 1/0/1

……

PVID: 1

Mdi type: auto

Port link-type: access

Tagged　VLAN ID : none

Untagged VLAN ID : 1

Port priority: 0

从以上输出可知，交换机上的缺省 VLAN 是 VLAN 1，所有的端口处于 VLAN 1 中；端口的 PVID 是 1，且是 Access 链路端口类型。

步骤 3：配置 VLAN 并添加端口。

分别在 SWA 和 SWB 上创建 VLAN 2，并将 PCA 和 PCC 所连接的端口 GigabitEthernet 1/0/1 添加到 VLAN 2 中。

配置 SWA：

[SWA]vlan 2

[SWA-vlan2]port GigabitEthernet 1/0/1

配置 SWB：

[SWB]vlan 2

[SWB-vlan2]port GigabitEthernet 1/0/1

在交换机上查看有关 VLAN 2 的信息，如下所示：

[SWA]display vlan

The following VLANs exist:

1(default), 2

[SWA]display vlan 2

VLAN ID: 2

VLAN type: Static

Route interface: Not configured

Description: VLAN 0002

Name: VLAN 0002

Tagged　Ports: none

Untagged Ports:

......

步骤 4：测试 VLAN 间的隔离。

在 PC 上配置 IP 地址，通过 ping 命令来测试处于不同 VLAN 间的 PC 能否互通，如表 2-3-1 所示。

表 2-3-1　IP 地址列表

设备名称	IP 地址	网关
PCA	172.16.0.1/24	——
PCB	172.16.0.2/24	——
PCC	172.16.0.3/24	——
PCD	172.16.0.4/24	——

配置完成后，在 PCA 上用 ping 命令来测试到其他 PC 的互通性。其结果应该是 PCA 与 PCB 不能够互通，PCC 和 PCD 不能够互通。证明不同 VLAN 之间不能互通，连接在同一交换机上的 PC 被隔离了。

实验任务 2　配置 Trunk 链路端口

本实验任务是在交换机间配置 Trunk 链路端口，来使同一 VLAN 中的 PC 能够跨交换机访问。通过本实验，学员应该能够掌握 Trunk 链路端口的配置及作用。

步骤 1：跨交换机 VLAN 互通测试。

在上个实验中，PCA 和 PCC 都属于 VLAN 2。在 PCA 上用 ping 命令来测试与 PCC 能否互通，其结果应该是不能，如下所示：

C:\Documents and Settings\Administrator>ping 172.16.0.3

Pinging 172.16.0.3 with 32 bytes of data:

Request timed out.

Request timed out.

Request timed out.

Request timed out.

Ping statistics for 172.16.0.3:

Packets: Sent = 4, Received = 0, Lost = 4 (100% loss),

PCA 与 PCC 之间不能互通，因为交换机之间的端口 GigabitEthernet 1/0/24 是 Access 链路端口，且属于 VLAN 1，不允许 VLAN 2 的数据帧通过。

要想让 VLAN 2 数据帧通过端口 GigabitEthernet 1/0/24，需要设置端口为 Trunk 链路端口。

步骤 2： 配置 Trunk 链路端口。

在 SWA 和 SWB 上配置端口 GigabitEthernet 1/0/24 为 Trunk 链路端口。

配置 SWA：

[SWA]interface GigabitEthernet 1/0/24

[SWA-GigabitEthernet1/0/24]port link-type trunk

[SWA-GigabitEthernet1/0/24]port trunk permit vlan all

配置 SWB：

[SWB]interface GigabitEthernet 1/0/24

[SWB-GigabitEthernet1/0/24]port link-type trunk

[SWB-GigabitEthernet1/0/24]port trunk permit vlan all

配置完成后，SWA 上查看 VLAN 2 信息：

<SWA>display vlan 2

VLAN ID: 2

VLAN type: Static

Route interface: Not configured

Description: VLAN 0002

Name: VLAN 0002

Tagged　Ports:

GigabitEthernet1/0/24

Untagged Ports:

GigabitEthernet1/0/1

可以看到，VLAN 2 中包含了端口 GigabitEthernet 1/0/24，且数据帧是以带有标签（Tagged）的形式通过端口的。

再查看端口 GigabitEthernet 1/0/24 信息：

<SWA>display interface GigabitEthernet 1/0/24

......

PVID: 1

Mdi type: auto

Port link-type: trunk

VLAN passing　: 1(default vlan), 2

VLAN permitted: 1(default vlan), 2-4094

Trunk port encapsulation: IEEE 802.1q

......

从以上信息可知,端口的 PVID 值是 1,端口类型是 Trunk,允许所有的 VLAN(1~4 094)通过,但实际上是 VLAN 1 和 VLAN 2 能够通过此端口(因为交换机上仅有 VLAN 1 和 VLAN 2)。SWB 上 VLAN 和端口 GigabitEthernet 1/0/24 的信息与此类似,不再赘述。

步骤 3: 跨交换机 VLAN 互通测试。

在 PCA 上用 Ping 命令来测试与 PCC 能否互通,如下所示:

C:\Documents and Settings\Administrator>ping 172.16.0.3

Pinging 172.16.0.3 with 32 bytes of data:

Reply from 172.16.0.3: bytes=32 time<1ms TTL=128

Reply from 172.16.0.3: bytes=32 time<1ms TTL=128

Reply from 172.16.0.3: bytes=32 time<1ms TTL=128

Reply from 172.16.0.3: bytes=32 time<1ms TTL=128

Ping statistics for 172.16.0.3:

Packets: Sent = 4, Received = 4, Lost = 0 (0% loss),

Approximate round trip times in milli-seconds:

Minimum = 1ms, Maximum = 1ms, Average = 1ms

说明跨交换机 VLAN 间能够互通。

3.4　实验中的命令列表

表 2-3-2　VLAN 实验命令列表

命令	描述
display vlan	显示交换机上的 VLAN 信息
display interface [interface-type [interface-number]]	显示指定接口当前的运行状态和相关信息
display vlan vlan-id	显示交换机上的指定 VLAN 信息
vlan vlan-id	创建 VLAN 并进入 VLAN 视图
port interface-list	向 VLAN 中添加一个或一组 Access 端口
port link-type{ access | hybrid | trunk }	设置端口的链路类型
port trunk permit vlan { vlan-id-list | all }	允许指定的 VLAN 通过当前 Trunk 端口

实验 4　配置生成树协议

4.1　实验内容与目标

完成本实验，学员应该能够：

（1）了解 STP 的基本工作原理。

（2）掌握 STP 的基本配置方法。

配置生成树协议

4.2　实验组网图

实验组网如图 2-4-1 所示。

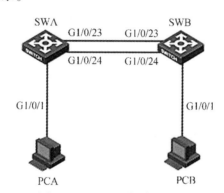

图 2-4-1　STP 实验组网图

本实验所需的主要设备器材如表 2-4-1 所示。

表 2-4-1　设备列表

名称和型号	版本	数量	描述
S5820V2	CMW7.1	2	
PC	Windows 系统	2	

4.3　实验过程

实验任务 1　STP 基本配置

本实验通过在交换机上配置 STP 根桥及边缘端口，来使读者掌握 STP 根桥及边缘端口的配置命令和查看方法。然后通过观察端口状态迁移，来加深了解 RSTP/MSTP（快速生成树协议/多生成树协议）的快速收敛特性。

步骤 1：建立物理连接。

按照图 2-4-1 所示进行连接并检查设备的软件版本及配置信息，确保各设备软件版本符合要求，所有配置为初始状态。如果配置不符合要求，请在用户模式下擦除设备中的配置文件，然后重启设备以使系统采用缺省的配置参数进行初始化。

以上步骤可能会用到以下命令：

\<SWA\> display version

\<SWA\> reset saved-configuration

\<SWA\> reboot

注意：如果建立物理连接后，交换机面板上的端口 LED 不停闪烁，且 Console 口对配置命令无响应，则很可能是广播风暴导致。如有此情况，请断开交换机间的线缆，配置完成后再连接。

步骤 2：配置 STP。

本实验任务是配置 STP 根桥及边缘端口。在系统视图下启用 STP，设置 SWA 的优先级为 0，以使 SWA 为根桥，并且配置连接 PC 的端口为边缘端口。

配置 SWA：

[SWA]stp global enable

[SWA]stp priority 0

[SWA]interface GigabitEthernet 1/0/1

[SWA-GigabitEthernet1/0/1] stp edged-port

配置 SWB：

[SWB]stp global enable

[SWB]stp priority 4096

[SWB]interface GigabitEthernet 1/0/1

[SWB-GigabitEthernet1/0/1] stp edged-port

步骤 3：查看 STP 信息。

分别在 SWA 和 SWB 上查看 STP 信息。正确信息如下所示：

[SWA]display stp

------- [CIST Global Info][Mode MSTP]-------

CIST Bridge   :0.000f-e24a-df50

Bridge Times   :Hello 2s MaxAge 20s FwDly 15s MaxHop 20

CIST Root/ERPC   :0.000f-e24a-df50 / 0

CIST RegRoot/IRPC   :0.000f-e24a-df50 / 0

......

[SWA]display stp brief

MSTID	Port	Role	STP State	Protection
0	GigabitEthernet1/0/1	DESI	FORWARDING	NONE

| 0 | GigabitEthernet1/0/23 | DESI | FORWARDING | NONE |
| 0 | GigabitEthernet1/0/24 | DESI | FORWARDING | NONE |

以上信息表明，SWA 是根桥，其上所有端口是指定端口（DESI），处于转发状态。

[SWB]display stp

------- [CIST Global Info][Mode MSTP]-------

CIST Bridge　　　　　:4096.000f-e23e-f9b0

Bridge Times　　　　 :Hello 2s MaxAge 20s FwDly 15s MaxHop 20

CIST Root/ERPC　　　 :0.000f-e24a-df50 / 200

CIST RegRoot/IRPC　 :4096.000f-e23e-f9b0 / 0

......

[SWB]display stp brief

MSTID	Port	Role	STP State	Protection
0	GigabitEthernet1/0/1	DESI	FORWARDING	NONE
0	GigabitEthernet1/0/23	ROOT	FORWARDING	NONE
0	GigabitEthernet1/0/24	ALTE	DISCARDING	NONE

以上信息表明，SWB 是非根桥，端口 G1/0/23 是根端口，处于转发状态，负责在交换机之间转发数据；端口 G1/0/24 是备份根端口，处于阻塞状态；连接 PC 的端口 G1/0/1 是指定端口，处于转发状态。

步骤 4： STP 冗余特性验证。

STP 不但能够阻断冗余链路，并且能够在活动链路断开时，通过激活被阻断的冗余链路而恢复网络的连通。按表 2-4-2 所示在 PC 上配置 IP 地址。

表 2-4-2　IP 地址列表

设备名称	IP 地址	网关
PCA	172.16.0.1/24	—
PCB	172.16.0.2/24	—

配置完成后，在 PCA 上执行命令"ping 172.16.0.2 -t"，以使 PCA 向 PCB 不间断发送 ICMP 报文，如下所示：

C:\Documents and Settings\Administrator>ping 172.16.0.2 -t

Pinging 172.16.0.2 with 32 bytes of data:

Reply from 172.16.0.2: bytes=32 time<1ms TTL=128

Reply from 172.16.0.2: bytes=32 time<1ms TTL=128

Reply from 172.16.0.2: bytes=32 time<1ms TTL=128

......

在 SWB 上查看 STP 端口状态，确定交换机间哪一个端口（本例中是 G1/0/23）处于转发状态。将交换机之间处于 STP 转发状态端口上的电缆断开，观察 PCA 上发送的 ICMP 报文

有 无丢失。正常情况下，应该没有报文丢失或仅有一个报文丢失。

再次在 SWB 上查看 STP 端口状态，看端口状态是否有变化，如下所示：

[SWB]display stp brief

MSTID	Port	Role	STP State	Protection
0	GigabitEthernet1/0/1	DESI	FORWARDING	NONE
0	GigabitEthernet1/0/24	ROOT	FORWARDING	NONE

可以看到，原来处于阻塞状态的端口 G1/0/24 迁移到了转发状态。

无报文丢失说明目前 STP 的收敛速度很快。这就是 RSTP/MSTP 相对于 STP 的改进之一。缺省情况下，交换机运行 MSTP，SWB 上的两个端口中有一个是根端口，另外一个是备份根端口。当原根端口断开时，备份根端口快速切换到转发状态。

注意：如果在 PCA 上 ping 172.16.0.2 -t 时出现"Request timed out."，表明 PCB 无回应，需要检查 PCB 是否开启了防火墙或交换机配置是否有问题。

步骤 5：端口状态迁移查看。

在交换机 SWA 上断开端口 G1/0/1 的电缆，再重新连接，并且在 SWA 上查看交换机输出信息。如下所示：

[SWA]

......

GigabitEthernet1/0/1: link status is UP

%Apr 26 14:04:53:880 2000 SWA MSTP/2/PFWD:Instance 0's GigabitEthernet1/0/1 has been set to forwarding state!

可以看到，端口在连接电缆后马上成为转发状态。这是因为端口被配置成边缘端口，无须延迟而进入转发状态。这也是 RSTP/MSTP 相对于 STP 的改进之一。

在前面实验中，端口状态迁移速度很快。为了清晰观察端口状态，我们在连接 PC 的端口 G1/0/1 上取消边缘端口配置，如下所示：

配置 SWA：

[SWA]interface GigabitEthernet 1/0/1

[SWA-GigabitEthernet1/0/1] undo stp edged-port

配置完成后，断开端口 G1/0/1 的电缆，再重新连接，并且在 SWA 上查看端口 G1/0/1 的状态。注意每隔几秒钟执行命令查看一次，以能准确看到端口状态的迁移过程。例如：

[SWA]display stp brief

MSTID	Port	Role	STP State	Protection
0	GigabitEthernet1/0/1	DESI	DISCARDING	NONE
0	GigabitEthernet1/0/24	DESI	FORWARDING	NONE

[SWA]display stp brief

MSTID	Port	Role	STP State	Protection
0	GigabitEthernet1/0/1	DESI	LEARNING	NONE
0	GigabitEthernet1/0/24	DESI	FORWARDING	NONE

[SWA]display stp brief

MSTID	Port	Role	STP State	Protection
0	GigabitEthernet1/0/1	DESI	LEARNING	NONE
0	GigabitEthernet1/0/24	DESI	FORWARDING	NONE

......

Apr 26 14:02:24:934 2022 SWA MSTP/1/PFWD:hwPortMstiStateForwarding: Instance 0's Port 0.9371648 has been set to forwarding state!

%Apr 26 14:02:24:940 2022 SWA MSTP/2/PFWD:Instance 0's GigabitEthernet1/0/1 has been set to forwarding state!

MSTID	Port	Role	STP State	Protection
0	GigabitEthernet1/0/1	DESI	FORWARDING	NONE
0	GigabitEthernet1/0/24	DESI	FORWARDING	NONE

由上可知，端口从 Discarding 状态先迁移到 Learning 状态，最后到 Forwarding 状态。从以上实验可知，取消边缘端口配置后，STP 收敛速度变慢了。

4.4　实验中的命令列表

表 2-4-3　实验命令列表

命令	描述
stp global enable	开启或关闭全局或端口的 STP 特性
stp mode { mstp | pvst | rstp | stp }	设置 MSTP 的工作模式
stp [instance *instance-list* | **vlan** *vlan-id-list*] **priority** priority	配置设备的优先级
stp edged-port	将当前的以太网端口配置为边缘端口
display stp [instance *instance-list* | vlan *vlan-id-list*] [interface interface-list | **slot** slot-number] [brief]	显示生成树的状态信息与统计信息

实验 5　链路聚合

5.1　实验内容与目标

完成本实验，学员应该能够：

（1）了解以太网交换机链路聚合的基本工作原理。

（2）掌握以太网交换机静态链路聚合的基本配置方法。

链路聚合

5.2　实验组网图

实验组网如图 2-5-1 所示。

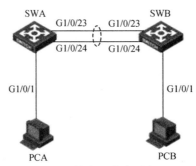

图 2-5-1　链路聚合实验组网图

本实验所需的主要设备器材如表 2-5-1 所示。

表 2-5-1　设备列表

名称和型号	版本	数量	描述
S5820V2	CMW7.1	2	
PC	Windows 系统	2	

5.3　实验过程

实验任务 1　交换机静态链路聚合配置

本实验通过在交换机上配置静态链路聚合，使读者掌握静态链路聚合的配置命令和查看方法。然后通过断开聚合组中的某条链路并观察网络连接是否中断，来加深了解链路聚合所实现的可靠性。

步骤 1：建立物理连接。

按照图 2-5-1 所示进行连接，并检查设备的软件版本及配置信息，确保各设备软件版本符合要求，所有配置为初始状态。如果配置不符合要求，请读者在用户模式下擦除设备中的配置文件，然后重启设备以使系统采用缺省的配置参数进行初始化。

以上步骤可能会用到以下命令：

<SWA> display version

<SWA> reset saved-configuration

<SWA> reboot

注意：如果建立物理连接后，交换机面板上的端口 LED 显示灯不停闪烁，且 Console 口对配置命令无响应，则很可能是广播风暴导致。如有此情况，请断开交换机间的线缆，配置完成后再连接。

步骤 2：配置静态聚合。

链路聚合可以分为静态聚合和动态聚合，本实验任务是验证静态聚合。首先在系统视图下创建聚合端口，然后把物理端口加入聚合组中。

配置 SWA：

[SWA] interface bridge-aggregation 1

[SWA] interface GigabitEthernet 1/0/23

[SWA-GigabitEthernet1/0/23] port link-aggregation group 1

[SWA] interface GigabitEthernet 1/0/24

[SWA-GigabitEthernet1/0/24] port link-aggregation group 1

配置 SWB：

[SWB] interface bridge-aggregation 1

[SWB] interface GigabitEthernet 1/0/23

[SWB-GigabitEthernet1/0/23] port link-aggregation group 1

[SWB] interface GigabitEthernet 1/0/24

[SWB-GigabitEthernet1/0/24] port link-aggregation group 1

步骤 3：查看聚合组信息。

分别在 SWA 和 SWB 上查看所配置的聚合组信息。正确信息应如下所示：

[SWA]display link-aggregation summary

Aggregation Interface Type:

BAGG -- Bridge-Aggregation, RAGG -- Route-Aggregation

Aggregation Mode: S -- Static, D -- Dynamic

Loadsharing Type: Shar -- Loadsharing, NonS -- Non-Loadsharing

Actor System ID: 0x8000, 000f-e23e-f9b0

AGG Interface	AGG Mode	Partner ID	Select Ports	Unselect Ports	Share Type

----

BAGG1   S   none   2   0   Shar

[SWB]display link-aggregation summary

Aggregation Interface Type:

BAGG -- Bridge-Aggregation, RAGG -- Route-Aggregation

Aggregation Mode: S -- Static, D -- Dynamic

Loadsharing Type: Shar -- Loadsharing, NonS -- Non-Loadsharing Actor System ID: 0x8000, 000f-e24a-df50

AGG Interface	AGG Mode	Partner ID	Select Ports	Unselect Ports	Share Type
BAGG1	S	none	2	0	Shar

以上信息表明，交换机上有一个链路聚合端口，其 ID 是 1，组中包含了 2 个 Select 状态端口，并工作在负载分担模式下。

步骤 4：链路聚合组验证。

按表 2-5-2 所示在 PC 上配置 IP 地址。

表 2-5-2   IP 地址列表

设备名称	IP 地址	网关
PCA	172.16.0.1/24	—
PCB	172.16.0.2/24	—

配置完成后，在 PCA 上执行 ping 命令，以使 PCA 向 PCB 不间断发送 ICMP 报文，如下所示：

C:\Documents and Settings\Administrator>ping 172.16.0.2 -t

Pinging 172.16.0.2 with 32 bytes of data:

Reply from 172.16.0.2: bytes=32 time<1ms TTL=128

Reply from 172.16.0.2: bytes=32 time<1ms TTL=128

Reply from 172.16.0.2: bytes=32 time<1ms TTL=128

......

注意观察交换机面板上的端口 LED 显示灯，闪烁表明有数据流通过。将聚合组中 LED 显示灯闪烁的端口上电缆断开，观察 PCA 上发送的 ICMP 报文有无丢失。

正常情况下，应该没有报文丢失。

无报文丢失说明聚合组中的两个端口之间是互相备份的。当一个端口不能转发数据流时，系统将数据流从另外一个端口发送出去。

注意：如果在 PCA 上 ping 172.16.0.2 -t 时出现"Request timed out."，表明 PCB 无回应，需要检查 PCB 是否开启了防火墙或交换机配置是否有问题。

5.4　实验中的命令列表

表 2-5-3　实验命令列表

命令	描述
interface bridge-aggregation interface-number	创建聚合端口
port link-aggregation group number	将以太网端口加入聚合组中
display link-aggregation summary	查看链路聚合的概要信息

第3部分　路由技术

◆　预备知识和技能

1. OSPF 协议工作原理

在 OSPF（Open Shortest Path First,开放最短路径优先）出现前,网络上广泛使用 RIP（Routing Information Protocol，路由信息协议）作为内部网关协议。由于 RIP 是基于距离矢量算法的路由协议，存在着收敛慢、路由环路、可扩展性差等问题，所以逐渐被 OSPF 协议取代。

OSPF 是 IETF（Internet Engineering Task Force，因特网工程任务组）组织开发的一个基于链路状态的内部网关协议（Interior Gateway Protocol，IGP），是目前网络中应用最广泛的路由协议之一。和 RIP 相比，OSPF 协议能够适应多种规模网络环境。

OSPF 路由协议通过洪泛法（flooding）向全网（即整个自治系统）中的所有路由器发送信息以扩散本设备的链路状态信息，使网络中每台路由器最终都能建立一个全网链路状态数据库(Link State Database，LSDB)，这个数据库实际上就是全网的拓扑结构图。每个路由器都使用链路状态数据库中的数据，采用最短路径算法，通过链路状态通告（Link State Advertisement，LSA）描述网络拓扑，并以自己为根，依据网络拓扑生成一棵最短路径树(Shortest Path Tree，SPT)，计算到达其他网络的最短路径，构造出自己的路由表，最终形成全网路由信息。

OSPF 属于五类路由协议，支持可变长子网掩码(Variable Length Subnet Mask，VLSM)。

2. OSPF 报文

OSPF 直接用 IP 数据报传送，其数据报首部的协议字段值为 89。OSPF 构成的数据报很短，一方面可减少路由信息的通信量，另一方面不必将数据报分片传送。

OSPF 分组使用 24 字节的固定长度首部,如图 3-0-1 所示。下面介绍 OSPF 首部各字段的意义。

（1）版本：当前版本号。

（2）类型：可以是 5 种类型分组的一种。

（3）分组长度：包括 OSPF 首部在内的分组长度，以字节为单位。

（4）路由器标识符：标志发送该分组的路由器的接口的 IP 地址。

图 3-0-1 OSPF 分组 IP 数据报

（5）区域标识符：分组属于的区域的标识符。

（6）校验和：用来检测分组中的差错。

（7）鉴别类型：目前有两种，0（不用）和 1（口令）。

（8）鉴别：鉴别类型为 0 时就填入 0，鉴别类型为 1 则填入 8 个字符的口令。

3. OSPF 的分组

OSPF 共有以下 5 种分组类型：

（1）类型 1：问候（Hello）分组，用来发现和维持邻站的可达性。

（2）类型 2：数据库描述（Database Description，DD）分组，向邻站给出自己的链路状态数据库中的所有链路状态项目的摘要信息。

（3）类型 3：链路状态请求（Link State Request,LSR）分组，向对方请求发送某些链路状态项目的详细信息。

（4）类型 4：链路状态更新（Link State Update，LSU）分组，用洪泛法对全网更新链路状态。

（5）类型 5：链路状态确认（Link State Acknowledgment,LSAck）分组，对链路更新分组的确认。

OSPF 规定，每两个相邻路由器每隔 10 s 要交换一次问候分组，这样就能确定哪些邻站可达。正常情况下网络中传送的 OSPF 分组都是问候分组。若有 40 s 没有收到某个相邻路由器发来的问候分组，则可认为该相邻路由不可达，会立即修改链路状态数据库，并重新计算路由表。

4. OSPF 的区域

OSPF 协议通过将自治系统划分为不同区域（Area）来解决路由表过大以及路由计算过于复杂消耗资源过多等问题。在图 3-0-2 中，将整个 OSPF 覆盖的范围分为 5 个区域，再利用洪泛法把交换链路状态信息的范围局限在每一个区域而不是整个自治系统,减少了整个网络上的通信量。区域（Area）从逻辑上将自治系统内的路由器划分为不同的组，每个区域都有一个 32 位（用点分十进制表示）的区域标识符（Area ID）。

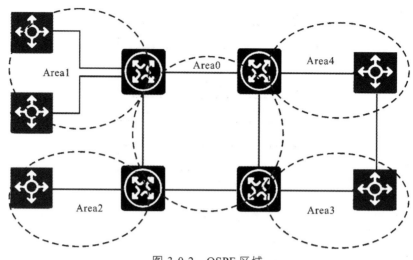

图 3-0-2　OSPF 区域

OSPF 划分区域后，其中有一个区域是与众不同的，被称为骨干区域（Backbone Area），其标识符（Area ID）为 0.0.0.0。所有非骨干区域必须与骨干区域连通，非骨干区域之间路由必须通过骨干区域转发。

一台路由器可以属于不同区域，但一个网段（链路）只能属于一个区域，或者说每个运行 OSPF 的网络接口必须被指明属于哪一个区域。划分区域后，骨干区域和某一非骨干区域是通过一台路由器进行通信的，这台路由器既属于骨干区域又属于该非骨干区域（也就是说一部分接口属于骨干区域，其他接口属于非骨干区域），被称为区域边界路由器。

5. OSPF 的特点

OSPF 作为基于链路状态的协议，具有如下特点：

（1）适应范围广：应用于规模适中的网络，最多可支持几百台路由器。例如，中小型企业网络。

（2）快速收敛：在网络的拓扑结构发生变化后立即发送更新报文，使这一变化在自治系统中同步。

（3）支持掩码：OSPF 支持可变长度的子网划分和无分类的编址 CIDR（Classless Inter-Domain Routing，无类别域间路由）。

（4）区域划分：允许自治系统的网络被划分成多个区域来管理，区域间传送的路由信息被进一步抽象，从而减少了占用的网络带宽。

（5）等价路由：如果到同一个目的网络有多条相同代价的路径，那么可以将通信量分配给这几条路径。

（6）支持验证：支持基于区域和接口的报文验证，以保证报文交互的安全性。

实验 6　路由基础

6.1　实验内容与目标

完成本实验，学员应该能够：

（1）掌握路由转发的基本原理。

（2）掌握静态路由、缺省路由的配置方法。

（3）掌握查看路由表的基本命令。

路由基础

6.2　实验组网图

实验组网如图 3-6-1 所示。

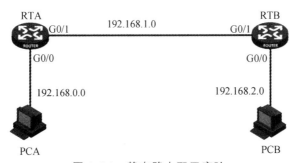

图 3-6-1　静态路由配置实验

本实验所需的主要设备器材如表 3-6-1 所示。

表 3-6-1　设备列表

名称和型号	版本	数量	描述
MSR3620	CMW7.1	2	
PC	Windows 系统	2	

6.3　实验过程

实验任务 1　查看路由表

本实验任务主要是通过在路由器上查看路由表来观察路由表中的路由项。通过本次实验，学生能够掌握如何使用命令来查看路由表，以及了解路由项中要素的含义。

步骤 1：建立物理连接。

按照图 3-6-1 进行连接，并检查路由器的软件版本及配置信息，确保路由器软件版本符合要求，所有配置为初始状态。如果配置不符合要求，请读者在用户模式下擦除设备中的配置文件，然后重启路由器以使系统采用缺省的配置参数进行初始化。

以上步骤可能会用到以下命令：

<H3C> display version

<H3C> reset saved-configuration

<H3C> reboot

步骤 2：在路由器上查看路由表。

首先，在路由器上查看路由表，如下所示：

[RTA]display ip routing-table

Destinations : 8   Routes : 8

Destination/Mask	Proto	Pre	Cost	NextHop	Interface
0.0.0.0/32	Direct	0	0	127.0.0.1	InLoop0
127.0.0.0/8	Direct	0	0	127.0.0.1	InLoop0
127.0.0.0/32	Direct	0	0	127.0.0.1	InLoop0
127.0.0.1/32	Direct	0	0	127.0.0.1	InLoop0
127.255.255.255/32	Direct	0	0	127.0.0.1	InLoop0
224.0.0.0/4	Direct	0	0	0.0.0.0	NULL0
224.0.0.0/24	Direct	0	0	0.0.0.0	NULL0
255.255.255.255/32	Direct	0	0	127.0.0.1	InLoop0

由以上输出可知，目前路由器有 8 条路由，其中目的地址是 127.0.0.0 的路由，是路由器的环回地址直连路由。

按表 3-6-2 所示在路由器各接口上分别配置 IP 地址。

表 3-6-2   IP 地址列表

设备名称	接口	IP 地址	网关
RTA	G0/1	192.168.1.1/24	—
	G0/0	192.168.0.1/24	—
RTB	G0/1	192.168.1.2/24	—
	G0/0	192.168.2.1/24	—
PCA	—	192.168.0.2/24	192.168.0.1
PCB	—	192.168.2.2/24	192.168.2.1

配置 RTA：

[RTA-GigabitEthernet0/0]ip address 192.168.0.1 24

[RTA-GigabitEthernet0/1]ip address 192.168.1.1 24

配置 RTB：

[RTB-GigabitEthernet0/0]ip address 192.168.2.1 24

[RTB-GigabitEthernet0/1]ip address 192.168.1.2 24

配置完成后，再次查看路由表。例如，在 RTA 上查看路由表，如下所示：

[RTA]display ip routing-table

Destinations : 17 Routes : 17

Destination/Mask	Proto	Pre	Cost	NextHop	Interface
0.0.0.0/32	Direct	0	0	127.0.0.1	InLoop0
127.0.0.0/8	Direct	0	0	127.0.0.1	InLoop0
127.0.0.0/32	Direct	0	0	127.0.0.1	InLoop0
127.0.0.1/32	Direct	0	0	127.0.0.1	InLoop0
127.255.255.255/32	Direct	0	0	127.0.0.1	InLoop0
192.168.0.0/24	Direct	0	0	192.168.0.1	GE0/0
192.168.0.0/32	Direct	0	0	192.168.0.1	GE0/0
192.168.0.1/32	Direct	0	0	127.0.0.1	InLoop0
192.168.0.255/32	Direct	0	0	192.168.0.1	GE0/0
192.168.1.0/24	Direct	0	0	192.168.1.1	GE0/1
192.168.1.0/32	Direct	0	0	192.168.1.1	GE0/1
192.168.1.1/32	Direct	0	0	127.0.0.1	InLoop0
192.168.1.2/32	Direct	0	0	192.168.1.2	GE0/1
192.168.1.255/32	Direct	0	0	192.168.1.1	GE0/1
224.0.0.0/4	Direct	0	0	0.0.0.0	NULL0
224.0.0.0/24	Direct	0	0	0.0.0.0	NULL0
255.255.255.255/32	Direct	0	0	127.0.0.1	InLoop0

由以上输出可知，在 RTA 上配置了 IP 地址 192.168.0.1 和 192.168.1.1 以及在 RTB 上配置了 192.168.1.2 后，RTA 的路由表中有了直连路由 192.168.0.0/24，192.168.0.1/32，192.168.1.0/24，192.168.1.1/32，192.168.1.2/32。这其中，192.168.0.1/32，192.168.1.1/32，192.168.1.2/32 是主机路由，192.168.0.0/24，192.168.1.0/24 是子网路由。直连路由是由链路层协议发现的路由，链路层协议 UP（启用）后，路由器会将其加入路由表中。如果我们关闭链路层协议，则相关直连路由也消失。

在 RTA 上关闭接口，如下所示：

[RTA-GigabitEthernet0/0]shutdown

查看路由表，如下所示：

[RTA]display ip routing-table

Destinations : 13   Routes : 13

Destination/Mask	Proto	Pre	Cost	NextHop	Interface
0.0.0.0/32	Direct	0	0	127.0.0.1	InLoop0
127.0.0.0/8	Direct	0	0	127.0.0.1	InLoop0
127.0.0.0/32	Direct	0	0	127.0.0.1	InLoop0
127.0.0.1/32	Direct	0	0	127.0.0.1	InLoop0
127.255.255.255/32	Direct	0	0	127.0.0.1	InLoop0
192.168.1.0/24	Direct	0	0	192.168.1.1	GE0/1
192.168.1.0/32	Direct	0	0	192.168.1.1	GE0/1
192.168.1.1/32	Direct	0	0	127.0.0.1	InLoop0
192.168.1.2/32	Direct	0	0	192.168.1.2	GE0/1
192.168.1.255/32	Direct	0	0	192.168.1.1	GE0/1
224.0.0.0/4	Direct	0	0	0.0.0.0	NULL0
224.0.0.0/24	Direct	0	0	0.0.0.0	NULL0
255.255.255.255/32	Direct	0	0	127.0.0.1	InLoop0

由路由表可知，在接口关闭后，所运行的链路层协议关闭，直连路由也就自然消失了。再开启接口，如下所示：

[RTA-GigabitEthernet0/0]undo shutdown

等到链路层协议 UP 后，再次查看路由表，可以发现接口 G0/0 的直连路由又出现了。

实验任务 2　静态路由配置

本实验任务主要是通过在路由器上配置静态路由，从而实现 PC 之间能够互访的目的。通过本次实验，学员能够掌握静态路由的配置，以加深对路由环路产生原因的理解。

步骤 1：在 PC 配置 IP 地址。

按表 3-6-2 所示在 PC 上配置 IP 地址和网关。配置完成后，在 Windows 操作系统的"开始"里选择"运行"，在弹出的窗口里输入"CMD"，然后在命令提示符下用 ipconfig 命令来查看所配置的 IP 地址和网关是否正确。

在 PC 上用 ping 命令来测试到网关的可达性。例如，在 PCA 上测试到网关（192.168.0.1）的可达性，如下所示：

C:\Documents and Settings\Administrator>ping 192.168.0.1

Pinging 192.168.0.1 with 32 bytes of data:

Reply from 192.168.0.1: bytes=32 time<1ms TTL=255

Reply from 192.168.0.1: bytes=32 time<1ms TTL=255

Reply from 192.168.0.1: bytes=32 time<1ms TTL=255

Reply from 192.168.0.1: bytes=32 time<1ms TTL=255

Ping statistics for 192.168.0.1:

Packets: Sent = 4, Received = 4, Lost = 0 (0% loss),

Approximate round trip times in milli-seconds:

Minimum = 0ms, Maximum = 0ms, Average = 0ms

再测试 PC 之间的可达性。例如，在 PCA 上用 ping 命令测试到 PCB 的可达性，如下所示：

C:\Documents and Settings\Administrator>ping 192.168.2.2

Pinging 192.168.2.2 with 32 bytes of data:

Reply from 192.168.0.1: Destination net unreachable.

Reply from 192.168.0.1: Destination net unreachable.

Reply from 192.168.0.1: Destination net unreachable.

Reply from 192.168.0.1: Destination net unreachable.

Ping statistics for 192.168.2.2:

Packets: Sent = 4, Received = 4, Lost = 0 (0% loss),

Approximate round trip times in milli-seconds:

Minimum = 0ms, Maximum = 0ms, Average = 0ms

以上输出信息显示，RTA（192.168.0.1）返回了目的网络不可达的信息给 PCA，说明 RTA 没有到达 PCB（192.168.2.2）的路由。

在 RTA 上查看路由表，如下所示：

[RTA]display ip routing-table

Destinations : 13　　　Routes : 13

Destination/Mask	Proto	Pre	Cost	NextHop	Interface
0.0.0.0/32	Direct	0	0	127.0.0.1	InLoop0
127.0.0.0/8	Direct	0	0	127.0.0.1	InLoop0
127.0.0.0/32	Direct	0	0	127.0.0.1	InLoop0
127.0.0.1/32	Direct	0	0	127.0.0.1	InLoop0
127.255.255.255/32	Direct	0	0	127.0.0.1	InLoop0
192.168.1.0/24	Direct	0	0	192.168.1.1	GE0/1
192.168.1.0/32	Direct	0	0	192.168.1.1	GE0/1
192.168.1.1/32	Direct	0	0	127.0.0.1	InLoop0
192.168.1.2/32	Direct	0	0	192.168.1.2	GE0/1
192.168.1.255/32	Direct	0	0	192.168.1.1	GE0/1
224.0.0.0/4	Direct	0	0	0.0.0.0	NULL0

| 224.0.0.0/24 | Direct | 0 | 0 | 0.0.0.0 | NULL0 |
| 255.255.255.255/32 | Direct | 0 | 0 | 127.0.0.1 | InLoop0 |

有上述内容可知，问题原因是 RTA 路由表中没有到 PCB 所在网段 192.168.2.0/24 的路由。PCA 发出报文到 RTA 后，RTA 就会丢弃并返回不可达信息给 PCA。我们可以通过配置静态路由而使网络可达。

步骤 2：静态路由配置规划。

请思考，在 RTA 和 RTB 上应该配置到何目的网络的静态路由，以及其下一跳应该指向哪个 IP 地址？

步骤 3：配置静态路由。

配置 RTA：

[RTA]ip route-static 192.168.2.0 24 192.168.1.2

配置 RTB：

[RTB]ip route-static 192.168.0.0 24 192.168.1.1

配置完成后，在路由器上查看路由表。例如，在 RTA 上查看路由表，如下所示：

[RTA]display ip routing-table

Destinations : 18   Routes : 18

Destination/Mask	Proto	Pre	Cost	NextHop	Interface
0.0.0.0/32	Direct	0	0	127.0.0.1	InLoop0
127.0.0.0/8	Direct	0	0	127.0.0.1	InLoop0
127.0.0.0/32	Direct	0	0	127.0.0.1	InLoop0
127.0.0.1/32	Direct	0	0	127.0.0.1	InLoop0
127.255.255.255/32	Direct	0	0	127.0.0.1	InLoop0
192.168.0.0/24	Direct	0	0	192.168.0.1	GE0/0
192.168.0.0/32	Direct	0	0	192.168.0.1	GE0/0
192.168.0.1/32	Direct	0	0	127.0.0.1	InLoop0
192.168.0.255/32	Direct	0	0	192.168.0.1	GE0/0
192.168.1.0/24	Direct	0	0	192.168.1.1	GE0/1
192.168.1.0/32	Direct	0	0	192.168.1.1	GE0/1
192.168.1.1/32	Direct	0	0	127.0.0.1	InLoop0
192.168.1.2/32	Direct	0	0	192.168.1.2	GE0/1
192.168.1.255/32	Direct	0	0	192.168.1.1	GE0/1
192.168.2.0/24	Static	60	0	192.168.1.2	GE0/1
224.0.0.0/4	Direct	0	0	0.0.0.0	NULL0
224.0.0.0/24	Direct	0	0	0.0.0.0	NULL0

255.255.255.255/32 Direct   0   0   127.0.0.1   InLoop0

测试 PC 之间的可达性。例如，在 PCA 上用 ping 命令测试到 PCB 的可达性，如下：

C:\Documents and Settings\Administrator>ping 192.168.2.2

Pinging 192.168.2.2 with 32 bytes of data:

Reply from 192.168.2.2: bytes=32 time=20ms TTL=126

Reply from 192.168.2.2: bytes=32 time=20ms TTL=126

Reply from 192.168.2.2: bytes=32 time=20ms TTL=126

Reply from 192.168.2.2: bytes=32 time=20ms TTL=126

Ping statistics for 192.168.2.2:

Packets: Sent = 4, Received = 4, Lost = 0 (0% loss),

Approximate round trip times in milli-seconds:

Minimum = 20ms, Maximum = 20ms, Average = 20ms

在 PCA 上用 Tracert 命令来查看到 PCB 的路径，如下所示：

C:\Documents and Settings\Administrator>tracert 192.168.2.2

Tracing route to 192.168.2.2 over a maximum of 30 hops

1   <1 ms   <1 ms   <1 ms   192.168.0.1

2   23 ms   23 ms   23 ms   192.168.1.2

3   28 ms   27 ms   28 ms   192.168.2.2

Trace complete.

以上结果说明，数据报文是沿着 PCA→RTA→RTB→PCB 的路径被转发的。

步骤 4：路由环路观察。

为了人为造成环路，需要在 RTA 和 RTB 上分别配置一条缺省路由，下一跳互相指向对方。

配置 RTA：

[RTA]ip route-static 0.0.0.0 0.0.0.0 192.168.1.2

配置 RTB：

[RTB]ip route-static 0.0.0.0 0.0.0.0 192.168.1.1

配置完成后，在路由器上查看路由表。例如，在 RTA 上查看路由表，显示结果如下：

[RTA]display ip routing-table

Destinations : 19   Routes : 19

Destination/Mask	Proto	Pre	Cost	NextHop	Interface
0.0.0.0/0	Static	60	0	0.0.0.0	GE0/1
0.0.0.0/32	Direct	0	0	127.0.0.1	InLoop0
127.0.0.0/8	Direct	0	0	127.0.0.1	InLoop0
127.0.0.0/32	Direct	0	0	127.0.0.1	InLoop0

127.0.0.1/32	Direct	0	0	127.0.0.1	InLoop0
127.255.255.255/32	Direct	0	0	127.0.0.1	InLoop0
192.168.0.0/24	Direct	0	0	192.168.0.1	GE0/0
192.168.0.0/32	Direct	0	0	192.168.0.1	GE0/0
192.168.0.1/32	Direct	0	0	127.0.0.1	InLoop0
192.168.0.255/32	Direct	0	0	192.168.0.1	GE0/0
192.168.1.0/24	Direct	0	0	192.168.1.1	GE0/1
192.168.1.0/32	Direct	0	0	192.168.1.1	GE0/1
192.168.1.1/32	Direct	0	0	127.0.0.1	InLoop0
192.168.1.2/32	Direct	0	0	192.168.1.2	GE0/1
192.168.1.255/32	Direct	0	0	192.168.1.1	GE0/1
192.168.2.0/24	Static	60	0	192.168.1.2	GE0/1
224.0.0.0/4	Direct	0	0	0.0.0.0	NULL0
224.0.0.0/24	Direct	0	0	0.0.0.0	NULL0
255.255.255.255/32	Direct	0	0	127.0.0.1	InLoop0

由上面内容可知，缺省路由配置成功。

然后在 PC 上用 Tracert 命令来观察环路情况。例如，在 PCA 上用 Tracert 命令来追踪到目的 IP 地址 3.3.3.3 的路径：

C:\Documents and Settings\Administrator>tracert 3.3.3.3

Tracing route to 3.3.3.3 over a maximum of 30 hops

1	<1 ms	<1 ms	<1 ms	192.168.0.1
2	23 ms	23 ms	23 ms	192.168.1.2
3	27 ms	27 ms	27 ms	192.168.1.1
4	51 ms	51 ms	50 ms	192.168.1.2
5	56 ms	55 ms	55 ms	192.168.1.1
......				
29	385 ms	387 ms	386 ms	192.168.1.1
30	409 ms	409 ms	409 ms	192.168.1.2

Trace complete.

由以上输出可以看到，到目的地址 3.3.3.3 的报文匹配了缺省路由，报文被转发到了 RTB（192.168.1.2），而 RTB 又根据它的缺省路由，把报文转发回了 RTA（192.168.1.1）。这样就形成了转发环路，报文在两台路由器之间被循环转发，直到 TTL 值到 0 后被丢弃。

所以在不同路由器上配置到相同网段的静态路由时，不要配置路由的下一跳互相指向对方，否则就会形成了环路。

6.4　实验中的命令列表

表 3-6-3　IP 路由原理实验命令列表

命令	描述
ip route-static dest-address { mask-length | mask } { interface-type interface-number [next-hop-address] | next-hop-address }	配置静态路由目的网段（包括子网长度）及下一跳地址
display ip routing-table ip-address [mask | mask-length]	显示 IP 路由表摘要信息或显示匹配某个目的网段或地址的路由
ipconfig	在 Windows 系统上查看 IP 配置

实验 7　配置 OSPF

7.1　实验内容与目标

完成本实验，学员应该能够：

（1）掌握单区域 OSPF 配置方法。

（2）掌握 OSPF 优先级的配置方法。

（3）掌握 OSPF Cost 的配置方法。

（4）掌握 OSPF 路由选择的方法。

（5）掌握多区域 OSPF 的配置方法。

7.2　实验组网图

实验任务 1 组网如图 3-7-1 所示。本组网模拟单区域 OSPF 的应用。RTA 和 RTB 分别是客户端 ClientA 和 ClientB 的网关。RTA 设置 loopback 口地址 1.1.1.1 为 RTA 的 Router ID，RTB 设置 loopback 口地址 2.2.2.2 为 RTB 的 Router ID，RTA 和 RTB 都属于同一个 OSPF 区域 0。RTA 和 RTB 之间的网络能互通，客户端 ClientA 和 ClientB 能互通。

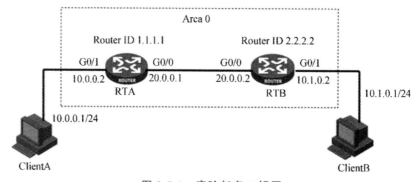

图 3-7-1　实验任务 1 组网

实验任务 2 组网如图 3-7-2 所示，由 2 台 MSR3620（RTA、RTB）路由器组成。本组网模拟实际组网中 OSPF 的路由选择。RTA 设置 loopback 口地址 1.1.1.1 为 RTA 的 Router ID，RTB 设置 loopback 口地址 2.2.2.2 为 RTB 的 Router ID，RTA 和 RTB 都属于同一个 OSPF 区域 0。RTA 和 RTB 之间有两条链路连接。

实验任务 3 组网如图 3-7-3 所示，由 3 台 MSR3620（RTA、RTB、RTC）路由器、2 台 PC（ClientA、ClientB）组成。本组网模拟实际组网中多区域 OSPF 的应用。RTA 和 RTC 分别是客户端 ClientA 和 ClientB 的网关。RTA 设置 loopback 口地址 1.1.1.1 为 RTA 的 Router ID，

RTB 设置 loopback 口地址 2.2.2.2 为 RTB 的 Router ID，RTC 设置 loopback 口地址 3.3.3.3 为 RTC 的 Router ID。RTA 和 RTB 的 G0/0 口属于同一个 OSPF 区域 0，RTB 的 G0/1 口和 RTC 属于同一个 OSPF 区域 1。RTA、RTB 和 RTC 之间的网络能互通，客户端 ClientA 和 ClientB 能互通。

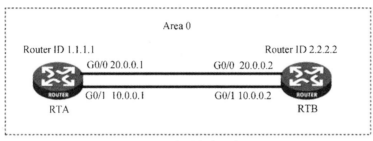

图 3-7-2　实验任务 2 组网

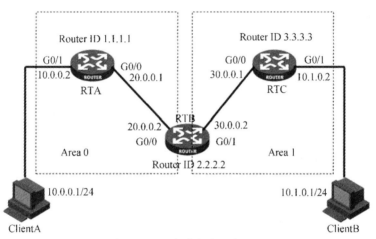

图 3-7-3　实验任务 3 组网

本实验所需的主要设备器材如表 3-7-1 所示。

表 3-7-1　设备列表

名称和型号	版本	数量	描述
MSR3620	CMW7.1	3	路由器
PC	Windows 系统	2	主机

7.3 实验过程

实验任务 1 单区域 OSPF 基本配置

步骤 1：搭建实验环境。

首先，依照图 3-7-1 所示搭建实验环境。配置客户端 ClientA 的 IP 地址为 10.0.0.1/24，网关为 10.0.0.2；配置客户端 ClientB 的 IP 地址为 10.1.0.1/24，网关为 10.1.0.2。

步骤 2：基本配置。

在路由器上完成接口 IP 地址等基本配置：

单区域 OSPF 基础实验

[RTA]interface G0/0

[RTA-GigabitEthernet0/0]ip address 20.0.0.1 24

[RTA-GigabitEthernet0/0]interface G0/1

[RTA-GigabitEthernet0/1]ip address 10.0.0.2 24

[RTA-GigabitEthernet0/1]interface loopback 0

[RTA-Loopback0]ip address 1.1.1.1 32

[RTB]interface G0/0

[RTB-GigabitEthernet0/0]ip address 20.0.0.2 24

[RTB-GigabitEthernet0/0]interface G0/1

[RTB-GigabitEthernet0/1]ip address 10.1.0.2 24

[RTB-GigabitEthernet0/1]interface loopback 0

[RTB-Loopback0]ip address 2.2.2.2 32

步骤 3：检查网络连通性和路由器路由表。

在 ClientA 上 ping ClientB（IP 地址为 10.1.0.1），显示如下：

C:\>ping 10.1.0.1

Pinging 10.1.0.1 with 32 bytes of data:

From 10.0.0.2 : Destination Net Unreachable

From 10.0.0.2 : Destination Net Unreachable

From 10.0.0.2 : Destination Net Unreachable

From 10.0.0.2 : Destination Net Unreachable

From 10.0.0.2 : Destination Net Unreachable

Ping statistics for 10.1.0.1:

Packets: Sent = 4, Received = 0, Lost = 4 (100% loss),

结果显示，ClientA 无法 ping 通 ClientB。这是因为在 RTA 上没有到 10.1.0.1 的路由。

在 RTA 上使用 display ip routing-table 查看 RTA 的路由表，显示如下：

[RTA]display ip routing-table

Destinations : 17   Routes : 17

Destination/Mask	Proto	Pre Cost		NextHop	Interface
0.0.0.0/32	Direct	0	0	127.0.0.1	InLoop0
1.1.1.1/32	Direct	0	0	127.0.0.1	InLoop0
10.0.0.0/24	Direct	0	0	10.0.0.2	GE0/1
10.0.0.0/32	Direct	0	0	10.0.0.2	GE0/1
10.0.0.2/32	Direct	0	0	127.0.0.1	InLoop0
10.0.0.255/32	Direct	0	0	10.0.0.2	GE0/1
20.0.0.0/24	Direct	0	0	20.0.0.1	GE0/0
20.0.0.0/32	Direct	0	0	20.0.0.1	GE0/0
20.0.0.1/32	Direct	0	0	127.0.0.1	InLoop0
20.0.0.255/32	Direct	0	0	20.0.0.1	GE0/0
127.0.0.0/8	Direct	0	0	127.0.0.1	InLoop0
127.0.0.0/32	Direct	0	0	127.0.0.1	InLoop0
127.0.0.1/32	Direct	0	0	127.0.0.1	InLoop0
127.255.255.255/32	Direct	0	0	127.0.0.1	InLoop0
224.0.0.0/4	Direct	0	0	0.0.0.0	NULL0
224.0.0.0/24	Direct	0	0	0.0.0.0	NULL0
255.255.255.255/32	Direct	0	0	127.0.0.1	InLoop0

　　RTA 上只有直连路由，没有到达 ClientB 的路由表项，故从 ClientA 上来的数据报文无法转发给 ClientB。

　　在 RTB 上也执行以上的操作，查看相关信息。

　　步骤 4：配置 OSPF。

　　在 RTA 上配置 OSPF：

[RTA]router id 1.1.1.1

[RTA]ospf 1

[RTA-ospf-1]area 0.0.0.0

[RTA-ospf-1-area-0.0.0.0]network 1.1.1.1 0.0.0.0

[RTA-ospf-1-area-0.0.0.0]network 10.0.0.0 0.0.0.255

[RTA-ospf-1-area-0.0.0.0]network 20.0.0.0 0.0.0.255

　　在 RTB 上配置 OSPF：

[RTB]router id 2.2.2.2

[RTB]ospf 1

[RTB-ospf-1]area 0.0.0.0

[RTB-ospf-1-area-0.0.0.0]network 2.2.2.2 0.0.0.0

[RTB-ospf-1-area-0.0.0.0]network 10.1.0.0 0.0.0.255

[RTB-ospf-1-area-0.0.0.0]network 20.0.0.0 0.0.0.255

步骤 5：检查路由器 OSPF 邻居状态及路由表。

在 RTA 上使用 display ospf peer 查看路由器 OSPF 邻居状态，显示如下：

[RTA]display ospf peer

OSPF Process 1 with Router ID 1.1.1.1

Neighbor Brief Information

Area: 0.0.0.0

Router ID	Address	Pri	Dead-Time	State	Interface
2.2.2.2	20.0.0.2	1	32	Full/DR	GE0/0

RTA 与 Router ID 为 2.2.2.2（RTB）的路由器上配置 IP 地址 20.0.0.2 的接口互为邻居，RTB 的配置 IP 地址 20.0.0.2 的接口为该网段的 DR 路由器。此时，邻居状态达到 Full，说明 RTA 和 RTB 之间的链路状态数据库已经同步，RTA 具备到达 RTB 的路由信息。

在 RTA 上使用 display ospf routing 查看路由器的 OSPF 路由表，显示如下：

[RTA]display ospf routing

OSPF Process 1 with Router ID 1.1.1.1

Routing Table

Routing for network

Destination	Cost	Type	NextHop	AdvRouter	Area
20.0.0.0/24	1	Transit	0.0.0.0	2.2.2.2	0.0.0.0
10.0.0.0/24	1	Stub	0.0.0.0	1.1.1.1	0.0.0.0
2.2.2.2/32	1	Stub	20.0.0.2	2.2.2.2	0.0.0.0
10.1.0.0/24	2	Stub	20.0.0.2	2.2.2.2	0.0.0.0
1.1.1.1/32	0	Stub	0.0.0.0	1.1.1.1	0.0.0.0

Total nets: 5

Intra area: 5 Inter area: 0 ASE: 0 NSSA: 0

在 RTA 上使用 display ip routing-table 查看路由器全局路由表，显示如下：

[RTA]display ip routing-table

Destinations : 19   Routes : 19

Destination/Mask	Proto	Pre	Cost	NextHop	Interface
0.0.0.0/32	Direct	0	0	127.0.0.1	InLoop0
1.1.1.1/32	Direct	0	0	127.0.0.1	InLoop0
2.2.2.2/32	O_INTRA	10	1	20.0.0.2	GE0/0
10.0.0.0/24	Direct	0	0	10.0.0.2	GE0/1
10.0.0.0/32	Direct	0	0	10.0.0.2	GE0/1
10.0.0.2/32	Direct	0	0	127.0.0.1	InLoop0
10.0.0.255/32	Direct	0	0	10.0.0.2	GE0/1
10.1.0.0/24	O_INTRA	10	2	20.0.0.2	GE0/0

20.0.0.0/24	Direct	0	0	20.0.0.1	GE0/0
20.0.0.0/32	Direct	0	0	127.0.0.1	InLoop0
20.0.0.255/32	Direct	0	0	20.0.0.1	GE0/0
127.0.0.0/8	Direct	0	0	127.0.0.1	InLoop0
127.0.0.0/32	Direct	0	0	127.0.0.1	InLoop0
127.0.0.1/32	Direct	0	0	127.0.0.1	InLoop0
127.255.255.255/32	Direct	0	0	127.0.0.1	InLoop0
224.0.0.0/4	Direct	0	0	0.0.0.0	NULL0
224.0.0.0/24	Direct	0	0	0.0.0.0	NULL0
255.255.255.255/32	Direct	0	0	127.0.0.1	InLoop0

RTA 路由器全局路由表里加入了到达 RTB 的 2.2.2.2/32 和 10.1.0.0/24 网段的路由。

在 RTB 上也执行以上的操作，查看相关信息。

步骤 6：修改路由器接口优先级。

在 RTB 的 G0/0 上修改接口优先级为 0。

[RTB]interface G0/0

[RTB-GigabitEthernet0/0]ospf dr-priority 0

步骤 7：在路由器上重启 OSPF 进程。

先将 RTB 的 OSPF 进程重启，再将 RTA 的 OSPF 进程重启。

<RTB>reset ospf 1 process

Warning : Reset OSPF process? [Y/N]:y

<RTA>reset ospf 1 process

Warning : Reset OSPF process? [Y/N]:y

步骤 8：查看路由器 OSPF 邻居状态。

在 RTA 上使用 display ospf peer 查看路由器 OSPF 邻居状态，显示如下：

[RTA]display ospf peer

OSPF Process 1 with Router ID 1.1.1.1

Neighbor Brief Information

Area: 0.0.0.0

Router ID	Address	Pri	Dead-Time	State	Interface
2.2.2.2	20.0.0.2	0	39	Full/DROther	GE0/0
2.2.2.2	10.0.0.2	1	38	Full/DR	GE0/1

由于 RTB 的 G0/0 接口的 dr 优先级为 0，不具备 DR/BDR 选举权，故后启动 OSPF 的 RTA 接口 G0/0 成为该网段的 DR 路由器，RTB 的 G0/0 变为 DROther 路由器。

在 RTB 上也执行以上的操作，查看相关信息。

实验任务 2　单区域 OSPF 增强配置

步骤 1： 搭建实验环境。

依照图 3-7-2 所示组网搭建实验环境。

步骤 2： 基本配置。

在路由器上完成接口 IP 地址、OSPF 等基本配置。

[RTA]interface G0/0

[RTA-GigabitEthernet0/0]ip address 20.0.0.1 24

[RTA-GigabitEthernet0/0]interface G0/1

[RTA-GigabitEthernet0/1]ip address 10.0.0.1 24

[RTA-GigabitEthernet0/1]interface loopback 0

[RTA-Loopback0]ip address 1.1.1.1 32

[RTA-Loopback0]quit

[RTA]router id 1.1.1.1

[RTA]ospf 1

[RTA-ospf-1]area 0.0.0.0

[RTA-ospf-1-area-0.0.0.0]network 1.1.1.1 0.0.0.0

[RTA-ospf-1-area-0.0.0.0]network 10.0.0.0 0.0.0.255

[RTA-ospf-1-area-0.0.0.0]network 20.0.0.0 0.0.0.255

[RTB]interface G0/0

[RTB-GigabitEthernet0/0]ip address 20.0.0.2 24

[RTB-GigabitEthernet0/0]interface G0/1

[RTB-GigabitEthernet0/1]ip address 10.0.0.2 24

[RTB-GigabitEthernet0/1]interface loopback 0

[RTB-Loopback0]ip address 2.2.2.2 32

[RTB-Loopback0]quit

[RTB]router id 2.2.2.2

[RTB]ospf 1

[RTB-ospf-1]area 0.0.0.0

[RTB-ospf-1-area-0.0.0.0]network 2.2.2.2 0.0.0.0

[RTB-ospf-1-area-0.0.0.0]network 10.0.0.0 0.0.0.255

[RTB-ospf-1-area-0.0.0.0]network 20.0.0.0 0.0.0.255

步骤 3： 检查路由器 OSPF 邻居状态及路由表。

在 RTA 上使用 display ospf peer 查看路由器 OSPF 邻居状态，显示如下：

[RTA]display ospf peer

OSPF Process 1 with Router ID 1.1.1.1

Neighbor Brief Information

Area: 0.0.0.0

Router ID	Address	Pri	Dead-Time	State	Interface
2.2.2.2	20.0.0.2	1	38	Full/DR	GE0/0
2.2.2.2	10.0.0.2	1	34	Full/DR	GE0/1

RTA 与 Router ID 为 2.2.2.2（RTB）的路由器建立了两个邻居，RTA 的 G0/0 接口与 RTB 配置 IP 地址 20.0.0.2 的接口建立一个邻居，该邻居所在的网段为 20.0.0.0/24，RTB 配置 IP 地址 20.0.0.2 的接口为该网段的 DR 路由器；另外，RTA 的 G0/1 接口与 RTB 配置 IP 地址 10.0.0.2 的接口建立一个邻居，该邻居所在的网段为 10.0.0.0/24，RTB 配置 IP 地址 10.0.0.2 的接口为该网段的 DR 路由器。

在 RTA 上使用 display ospf routing 查看路由器 OSPF 路由表，显示如下：

[RTA]display ospf routing

OSPF Process 1 with Router ID 1.1.1.1

Routing Table

Routing for network

Destination	Cost	Type	NextHop	AdvRouter	Area
20.0.0.0/24	1	Transit	0.0.0.0	2.2.2.2	0.0.0.0
10.0.0.0/24	1	Transit	0.0.0.0	2.2.2.2	0.0.0.0
2.2.2.2/32	1	Stub	10.0.0.2	2.2.2.2	0.0.0.0
2.2.2.2/32	1	Stub	20.0.0.2	2.2.2.2	0.0.0.0
1.1.1.1/32	0	Stub	0.0.0.0	1.1.1.1	0.0.0.0

Total nets: 5

Intra area: 5　Inter area: 0 ASE: 0 NSSA: 0

在 RTA 的 OSPF 路由表上有两条到达 RTB 的 2.2.2.2/32 网段的路由，一条是邻居 20.0.0.2 发布的，另一条是邻居 10.0.0.2 发布的，这两条路由的 Cost 相同。

在 RTA 上使用 display ip routing-table 查看路由器全局路由表，显示如下：

[RTA]display ip routing-table

Destinations : 18　　Routes : 19

Destination/Mask	Proto	Pre	Cost	NextHop	Interface
0.0.0.0/32	Direct	0	0	127.0.0.1	InLoop0
1.1.1.1/32	Direct	0	0	127.0.0.1	InLoop0
2.2.2.2/32	O_INTRA	10	1	10.0.0.2	GE0/1
10.0.0.0/24	Direct	0	0	10.0.0.1	GE0/1
10.0.0.0/32	Direct	0	0	10.0.0.1	GE0/1

10.0.0.1/32	Direct	0	0	127.0.0.1	InLoop0
10.0.0.255/32	Direct	0	0	10.0.0.1	GE0/1
20.0.0.0/24	Direct	0	0	20.0.0.1	GE0/0
20.0.0.0/32	Direct	0	0	20.0.0.1	GE0/0
20.0.0.1/32	Direct	0	0	127.0.0.1	InLoop0
20.0.0.255/32	Direct	0	0	20.0.0.1	GE0/0
127.0.0.0/8	Direct	0	0	127.0.0.1	InLoop0
127.0.0.0/32	Direct	0	0	127.0.0.1	InLoop0
127.0.0.1/32	Direct	0	0	127.0.0.1	InLoop0
127.255.255.255/32	Direct	0	0	127.0.0.1	InLoop0
224.0.0.0/4	Direct	0	0	0.0.0.0	NULL0
224.0.0.0/24	Direct	0	0	0.0.0.0	NULL0
255.255.255.255/32	Direct	0	0	127.0.0.1	InLoop0

在 RTA 路由器全局路由表内，有两条到达 RTB 的 2.2.2.2/32 网段的等价 OSPF 路由。在 RTB 上也执行以上的操作，查看相关信息。

步骤 4：修改路由器接口开销。

在 RTA 的 G0/0 接口上增加配置 ospf cost 150。

[RTA]interface G0/0

[RTA-GigabitEthernet0/0]ospf cost 150

步骤 5：检查路由器路由表。

在 RTA 上使用命令 display ospf routing 查看路由器 OSPF 路由表，显示如下：

[RTA]display ospf routing

OSPF Process 1 with Router ID 1.1.1.1

Routing Table

Routing for network

Destination	Cost	Type	NextHop	AdvRouter	Area
20.0.0.0/24	150	Transit	0.0.0.0	2.2.2.2	0.0.0.0
10.0.0.0/24	1	Transit	0.0.0.0	2.2.2.2	0.0.0.0
2.2.2.2/32	1	Stub	10.0.0.2	2.2.2.2	0.0.0.0
1.1.1.1/32	0	Stub	0.0.0.0	1.1.1.1	0.0.0.0

Total nets: 4

Intra area: 4   Inter area: 0 ASE: 0   NSSA: 0

由于 RTA 的 G0/0 接口的开销配置为 150，远高于 G0/1 接口的开销，故在 RTA 的 OSPF 路由表上仅有一条由邻居 10.0.0.2（该邻居与 RTA 的 G0/1 接口连接）发布的到达 RTB 的 2.2.2.2/32 网段的路由。

在 RTA 上使用 display ip routing-table 查看路由器全局路由表，显示如下：

[RTA-GigabitEthernet0/0]display ip routing-table

Destinations : 18　　　　Routes : 18

Destination/Mask	Proto	Pre	Cost	NextHop	Interface
0.0.0.0/32	Direct	0	0	127.0.0.1	InLoop0
1.1.1.1/32	Direct	0	0	127.0.0.1	InLoop0
2.2.2.2/32	O_INTRA	10	1	10.0.0.2	GE0/1
10.0.0.0/24	Direct	0	0	10.0.0.1	GE0/1
10.0.0.0/32	Direct	0	0	10.0.0.1	GE0/1
10.0.0.1/32	Direct	0	0	127.0.0.1	InLoop0
10.0.0.255/32	Direct	0	0	10.0.0.1	GE0/1
20.0.0.0/24	Direct	0	0	20.0.0.1	GE0/0
20.0.0.0/32	Direct	0	0	20.0.0.1	GE0/0
20.0.0.1/32	Direct	0	0	127.0.0.1	InLoop0
20.0.0.255/32	Direct	0	0	20.0.0.1	GE0/0
127.0.0.0/8	Direct	0	0	127.0.0.1	InLoop0
127.0.0.0/32	Direct	0	0	127.0.0.1	InLoop0
127.0.0.1/32	Direct	0	0	127.0.0.1	InLoop0
127.255.255.255/32	Direct	0	0	127.0.0.1	InLoop0
224.0.0.0/4	Direct	0	0	0.0.0.0	NULL0
224.0.0.0/24	Direct	0	0	0.0.0.0	NULL0
255.255.255.255/32	Direct	0	0	127.0.0.1	InLoop0

在 RTA 路由器全局路由表内，仅有一条通过 G0/1 到达 RTB 的 2.2.2.2/32 网段的路由。

在 RTB 上也执行以上的操作，查看相关信息。

步骤 6：修改路由器接口优先级。

在 RTB 的 G0/0 上修改接口优先级为 0：

[RTB]interface G0/0

[RTB-GigabitEthernet0/0]ospf dr-priority 0

步骤 7：在路由器上重启 OSPF 进程。

先将 RTB 的 OSPF 进程重启，再将 RTA 的 OSPF 进程重启：

<RTB>reset ospf 1 process

Warning : Reset OSPF process? [Y/N]:y

<RTA>reset ospf 1 process

Warning : Reset OSPF process? [Y/N]:y

步骤 8：在路由器 OSPF 邻居状态。

在 RTA 上使用 display ospf peer 查看路由器 OSPF 邻居状态，显示如下：

[RTA]display ospf peer

OSPF Process 1 with Router ID 1.1.1.1

Neighbor Brief Information

Area: 0.0.0.0

Router ID	Address	Pri	Dead-Time	State	Interface
2.2.2.2	20.0.0.2	0	39	Full/DROther	GE0/0
2.2.2.2	10.0.0.2	1	38	Full/DR	GE0/1

由于 RTB 的 G0/0 接口的 dr 优先级为 0，不具备 DR/BDR 选举权，故后启动 OSPF 的 RTA 接口 G0/0 成为该网段的 DR 路由器，RTB 的 G0/0 变为 DROther 路由器。

在 RTB 上也执行以上的操作，查看相关信息。

实验任务 3　多区域 OSPF 基本配置

步骤 1：搭建实验环境。

首先依照图 3-7-3 所示组网搭建实验环境。配置客户端 ClientA 的 IP 地址为 10.0.0.1/24，网关为 10.0.0.2；配置客户端 ClientB 的 IP 地址为 10.1.0.1/24，网关为 10.1.0.2。

步骤 2：基本配置。

在路由器上完成接口 IP 地址、OSPF 基本配置：

多区域 OSPF 基础实验

```
[RTA]interface G0/0
[RTA-GigabitEthernet0/0]ip address 20.0.0.1 24
[RTA-GigabitEthernet0/0]interface G0/1
[RTA-GigabitEthernet0/1]ip address 10.0.0.2 24
[RTA-GigabitEthernet0/1]interface loopback 0
[RTA-Loopback0]ip address 1.1.1.1 32
[RTA-Loopback0]quit
[RTA]router id 1.1.1.1
[RTA]ospf 1
[RTA-ospf-1]area 0.0.0.0
[RTA-ospf-1-area-0.0.0.0]network 1.1.1.1 0.0.0.0
[RTA-ospf-1-area-0.0.0.0]network 10.0.0.0 0.0.0.255
[RTA-ospf-1-area-0.0.0.0]network 20.0.0.0 0.0.0.255
[RTB]interface G0/0
[RTB-GigabitEthernet0/0]ip address 20.0.0.2 24
[RTB-GigabitEthernet0/0]interface G0/1
[RTB-GigabitEthernet0/1]ip address 30.0.0.2 24
[RTB-GigabitEthernet0/1]interface loopback 0
[RTB-Loopback0]ip address 2.2.2.2 32
```

[RTB-Loopback0]quit

[RTB]router id 2.2.2.2

[RTB]ospf 1

[RTB-ospf-1]area 0.0.0.0

[RTB-ospf-1-area-0.0.0.0]network 2.2.2.2 0.0.0.0

[RTB-ospf-1-area-0.0.0.0]network 20.0.0.0 0.0.0.255

[RTB-ospf-1-area-0.0.0.0]quit

[RTB-ospf-1-area]area 1

[RTB-ospf-1-area-0.0.0.1]network 30.0.0.0 0.0.0.255

[RTC]interface G0/0

[RTC-GigabitEthernet0/0]ip address 30.0.0.1 24

[RTC-GigabitEthernet0/0]interface G0/1

[RTC-GigabitEthernet0/1]ip address 10.1.0.2 24

[RTC-GigabitEthernet0/1]interface loopback 0

[RTC-Loopback0]ip address 3.3.3.3 32

[RTC-Loopback0]quit

[RTC]router id 3.3.3.3

[RTC]ospf 1

[RTC-ospf-1]area 1

[RTC-ospf-1-area-0.0.0.1]network 3.3.3.3 0.0.0.0

[RTC-ospf-1-area-0.0.0.1]network 10.0.0.0 0.0.0.255

[RTC-ospf-1-area-0.0.0.1]network 30.0.0.0 0.0.0.255

步骤 3：检查路由器 OSPF 邻居状态及路由表。

在 RTB 上使用 display ospf peer 查看路由器 OSPF 邻居状态，显示如下：

[RTB]display ospf peer

OSPF Process 1 with Router ID 2.2.2.2

Neighbor Brief Information

Area: 0.0.0.0

Router ID	Address	Pri	Dead-Time	State	Interface
1.1.1.1	20.0.0.1	1	39	Full/DR	GE0/0

Area: 0.0.0.1

Router ID	Address	Pri	Dead-Time	State	Interface
3.3.3.3	30.0.0.1	1	35	Full/DR	GE0/1

RTB 与 Router ID 为 1.1.1.1（RTA）的路由器在 Area 0.0.0.0 内，RTB 的 G0/0 接口与 RTA 配置 IP 地址为 20.0.0.1 的接口建立邻居关系，该邻居所在的网段为 20.0.0.0/24，RTA 配置 IP 地址为 20.0.0.1 的接口为该网段的 DR 路由器。

RTB 与 Router ID 为 3.3.3.3（RTC）的路由器在 Area 0.0.0.1 内，RTB 的 G0/1 接口与 RTC 配置 IP 地址为 30.0.0.1 的接口建立邻居关系，该邻居所在的网段为 30.0.0.0/24，RTC 配置 IP 地址为 30.0.0.1 的接口为该网段的 DR 路由器。

在 RTB 上使用 display ospf routing 查看路由器 OSPF 路由表，显示如下：

[RTB]display ospf routing

OSPF Process 1 with Router ID 2.2.2.2

Routing Table

Routing for network

Destination	Cost	Type	NextHop	AdvRouter	Area
20.0.0.0/24	1	Transit	0.0.0.0	1.1.1.1	0.0.0.0
10.0.0.0/24	2	Stub	20.0.0.1	1.1.1.1	0.0.0.0
3.3.3.3/32	1	Stub	30.0.0.1	3.3.3.3	0.0.0.1
2.2.2.2/32	0	Stub	0.0.0.0	2.2.2.2	0.0.0.0
10.1.0.0/24	2	Stub	30.0.0.1	3.3.3.3	0.0.0.1
30.0.0.0/24	1	Transit	0.0.0.0	3.3.3.3	0.0.0.1
1.1.1.1/32	1	Stub	20.0.0.1	1.1.1.1	0.0.0.0

Total nets: 7

Intra area: 7   Inter area: 0 ASE: 0   NSSA: 0

在 RTB 的 OSPF 路由表上有到达全部网络的路由。

在 RTB 上使用 display ip routing-table 查看路由器全局路由表，显示如下：

[RTB]display ip routing-table

Destinations : 21   Routes : 21

Destination/Mask	Proto	Pre	Cost	NextHop	Interface
0.0.0.0/32	Direct	0	0	127.0.0.1	InLoop0
1.1.1.1/32	O_INTRA	10	1	20.0.0.1	GE0/0
2.2.2.2/32	Direct	0	0	127.0.0.1	InLoop0
3.3.3.3/32	O_INTRA	10	1	30.0.0.1	GE0/1
10.0.0.0/24	O_INTRA	10	2	20.0.0.1	GE0/0
10.1.0.0/24	O_INTRA	10	2	30.0.0.1	GE0/1
20.0.0.0/24	Direct	0	0	20.0.0.2	GE0/0
20.0.0.0/32	Direct	0	0	20.0.0.2	GE0/0
20.0.0.2/32	Direct	0	0	127.0.0.1	InLoop0
20.0.0.255/32	Direct	0	0	20.0.0.2	GE0/0
30.0.0.0/24	Direct	0	0	30.0.0.2	GE0/1
30.0.0.0/32	Direct	0	0	30.0.0.2	GE0/1
30.0.0.2/32	Direct	0	0	127.0.0.1	InLoop0

30.0.0.255/32	Direct	0	0	30.0.0.2	GE0/1
127.0.0.0/8	Direct	0	0	127.0.0.1	InLoop0
127.0.0.0/32	Direct	0	0	127.0.0.1	InLoop0
127.0.0.1/32	Direct	0	0	127.0.0.1	InLoop0
127.255.255.255/32	Direct	0	0	127.0.0.1	InLoop0
224.0.0.0/4	Direct	0	0	0.0.0.0	NULL0
224.0.0.0/24	Direct	0	0	0.0.0.0	NULL0
255.255.255.255/32	Direct	0	0	127.0.0.1	InLoop0

由上可知，RTB 路由器全局路由表内有到达全部网络的路由。

在 RTA、RTC 上也执行以上的操作，查看相关信息。

步骤 4：检查网络连通性。

在 ClientA 上 ping ClientB（IP 地址为 10.1.0.1），显示如下：

C:\>ping 10.1.0.1

Pinging 10.1.0.1 with 32 bytes of data:

Reply from 10.1.0.1: bytes=32 time=1ms TTL=126

Reply from 10.1.0.1: bytes=32 time=1ms TTL=126

Reply from 10.1.0.1: bytes=32 time=1ms TTL=126

Reply from 10.1.0.1: bytes=32 time=1ms TTL=126

Ping statistics for 10.1.0.1:

Packets: Sent = 4, Received = 4, Lost = 0 (0% loss),

Approximate round trip times in milli-seconds:

Minimum = 1ms, Maximum = 1ms, Average = 1ms

在 ClientB 上 ping ClientA（IP 地址为 10.0.0.1），显示如下：

C:\>ping 10.0.0.1

Pinging 10.0.0.1 with 32 bytes of data:

Reply from 10.0.0.1: bytes=32 time=1ms TTL=126

Reply from 10.0.0.1: bytes=32 time=1ms TTL=126

Reply from 10.0.0.1: bytes=32 time=1ms TTL=126

Reply from 10.0.0.1: bytes=32 time=1ms TTL=126

Ping statistics for 10.0.0.1:

Packets: Sent = 4, Received = 4, Lost = 0 (0% loss),

Approximate round trip times in milli-seconds:

Minimum = 1ms, Maximum = 1ms, Average = 1ms

7.4 实验中的命令列表

表 3-7-2 OSPF 实验命令列表

命令	描述
router id router-id	配置 router-id
ospf process-id	启动 OSPF 进程
area area-id	配置区域
network network ip-address wildcard-mask	指定网段接口上启动 OSPF
ospf dr-priority *priority*	配置 OSPF 接口优先级
ospf cost *value*	配置 OSPF 接口 cost

第4部分 无线网络

◆ 预备知识和技能

1. 无线接入点

无线接入点通常称为接入点（Access Point，AP），是一种网络设备，可通过无线方式轻松访问 Internet，大多数接入点看起来与路由器相似。

2. Fat AP 和 Fit AP

Fat AP（胖接入点）和 Fit AP（瘦接入点）是无线局域网中的两种常见设备类型，它们在功能、管理和适用场景上存在显著区别。

1）功能方面

Fat AP：除了具备无线接入功能外，还通常具备 WAN、LAN 端口，支持 DHCP 服务器、DNS 和 MAC 地址克隆、VPN 接入、防火墙等安全功能。它拥有完整的操作系统，可以独立工作，实现拨号、路由等功能，属于小而完整的"麻雀"类型。

Fit AP：主要保留无线接入部分的功能，相当于无线交换机或集线器，仅提供有线/无线信号转换和无线信号接收/发送功能。它无法独立工作，必须与 AC（无线控制器）配合才能成为一个完整的系统，其管理功能由后端的 AC 执行。

2）管理方面

Fat AP：每台 AP 都有自己的配置和管理软件，管理成本和复杂度较高，不利于网络的整体控制。由于 Fat AP 是独立工作的设备，网络管理员需要对每台 AP 进行单独的配置和管理。

Fit AP：所有的无线 AP 都受到外部控制器的统一控制，不再需要使每台 AP 都有自己的管理软件。其管理成本较低，且使得整个网络的控制和管理更加便捷。通过 AC（无线控制器），可以实现对所有 Fit AP 的集中式管理，包括配置下发、状态监控等。

3）适用场景

Fat AP：适用于小型办公环境和家庭环境，这些场景下无线网络的规模较小，管理需求相对简单。

Fit AP：更适用于大中型办公环境，特别是需要部署大量 AP 以提供广泛无线覆盖的场景。在这些环境中，Fit AP 方案的集中式管理特点能够显著降低管理成本并提高网络效率。

3. SSID

SSID（服务集标识符）技术可以将一个无线局域网分为几个需要不同身份验证的子网络，每一个子网络都需要独立的身份验证，只有通过身份验证的用户才可以进入相应的子网络，防止未被授权的用户进入本网络。

4. PSK

PSK（预共享密钥）认证加密的原理涉及密钥生成、握手协议以及数据加密三个关键步骤。以下是关于 PSK 认证加密原理的相关介绍：

1）密钥生成

密钥协商：在通信双方建立连接时，首先通过安全手段生成一个共享的密钥。这个密钥用于后续的数据加密和身份验证。

密钥交换：客户端和服务器之间通过安全的密钥交换协议来确保双方都能获得相同的密钥，而无须直接传输密钥本身。

2）握手协议

身份验证：在 SSL/TLS（安全套接字层/传输层安全协议）中，客户端向服务器发送支持的密码套件列表，服务器选择其中一个密码套件并返回给客户端。然后，服务器发送自己的标识和用于密钥协商的随机数。

密钥协商：客户端接收服务器的 ServerKeyExchange 消息后，使用预共享密钥生成主密钥，并向服务器发送 Finished 消息。服务器验证客户端身份并生成相同的主密钥，然后向客户端发送自己的 Finished 消息。

3）数据加密

加密通信：握手完成后，双方使用生成的主密钥进行加密通信。这确保了数据传输的安全性，防止数据在传输过程中被窃取或篡改。

完整性保护：除了加密外，SSL/TLS 协议还提供了数据完整性保护机制。通过对传输的数据进行哈希运算并附加到数据包中，接收方可以验证数据的完整性和真实性。

5. WLAN PSK

WLAN PSK 认证加密方式具有以下特点：

1）安全性

强加密算法：WPA2 PSK 采用高级加密标准（AES）进行数据加密，相较于 WEP 的 RC4 算法，提供了更强的数据保护。

动态密钥交换：四次握手过程中，每次连接都会生成新的加密密钥，增加了安全性。

防止重放攻击：WPA2 PSK 使用 TKIP 协议，防止了数据包被拦截和重放。

2）兼容性

设备支持：大多数现代无线设备都支持 WPA2 PSK，使其成为家庭和小型企业网络的首选。

向后兼容：WPA/WPA2 混合模式允许 WPA 和 WPA2 认证的设备都能连接到路由器，提高了网络的兼容性。

3）易用性

设置简便：用户只需在路由器和客户端设备上输入相同的预共享密钥即可完成设置，不需要复杂的配置。

广泛适用：从家庭网络到小型办公网络，适用于各种规模的网络环境。

6. CCMP

CCMP（计数器模式密码块链消息完整码协议）由计数器模式（CTR-MAC mode）及密码块链消息认证码模式（CBC-MAC mode）组成，采用 AES（高级加密标准）算法进行数据加密。

7. RSN

RSN（强健安全网络）是一种网络安全认证机制，其能增强 WLAN 的数据加密和认证能力。

实验 8　无线接入点基本配置

8.1　实验内容与目标

无线接入点基本配置

完成本实验，学员应该能够：

（1）了解无线接入点的原理和 SSID（服务集标识符）的意义。

（2）掌握无认证无加密方式接入的无线接入点（Wireless Access Points, WAP）基本配置。

8.2 实验组网图

本实验组网如图 4-8-1 所示。该组网图说明如下：Console Terminal 通过串口线连接到 AP（Access Point，接入点）的 Console 口上，用于无线接入点的配置；STA（Station）要求安装上无线网卡，通过无线方式和 AP 建立联系。

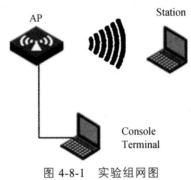

图 4-8-1　实验组网图

8.3 实验过程

本实验的任务是创建一个无线基本服务，实现 STA 无须认证和加密即可接入 FAT AP。

实验任务 1　配置无线服务

步骤 1：创建无线服务模板。

创建无线服务模板 service-template 2，此服务模板不加密，定义 SSID 名称为"h3c-test"，配置客户端从无线服务模板 service-template 2 上线后会被加入 VLAN 2。

[H3C] wlan service-template 2

[H3C-wlan-st-2] ssid h3c-test

[H3C-wlan-st-2] vlan 2

[H3C-wlan-st-2] service-template enable

步骤 2：创建无线射频接口，并绑定无线服务模板。

将无线服务模板 service-template 2 绑定到 WLAN-Radio 1/0/1 接口。

[H3C] interface WLAN-Radio 1/0/1

[H3C-WLAN-Radio1/0/1] service-template 2

注意：

可以通过命令"display wlan client verbose"来查看无线终端接入的相关信息。

实验 9　FAT AP PSK 认证加密功能的实现

9.1　实验内容与目标

FAT AP PSK 认证加密功能的实现

完成本实验，学员应该能够：

（1）了解 WLAN PSK 认证加密方式的特点。

（2）了解 WLAN PSK 认证加密的基本原理。

（3）掌握 FAT AP 的 PSK 认证加密的配置方法。

9.2　实验组网图

本实验组网如图 4-9-1 所示。无线客户端搜索无线信号，选择 SSID 为 "h3c-psk"，输入正确密钥后接入网络。FAT AP 的 VLAN 2 接口地址为 192.168.1.99，Switch 的 VLAN 2 接口地址为 192.168.1.254。

图 4-9-1　实验组网图

9.3　实验过程

实验任务 1　配置设备接口地址及 DHCP 地址池

步骤 1： 配置设备（AP 和 Switch）接口地址。

配置 AP 接口地址：

[H3C] interface vlan-interface 2

[H3C-Vlan-interface2] ip add 192.168.1.99 24

配置 Switch 接口地址：

[H3C] interface vlan-interface 2

[H3C-Vlan-interface2] ip add 192.168.1.254 24

步骤 2： 在 Switch 上配置地址池。

系统视图下，使能 DHCP 功能，配置分配的地址池：

[H3C] dhcp enable

[H3C] dhcp server ip-pool pool1

[H3C-dhcp-pool-pool1] network 192.168.1.0 mask 255.255.255.0

配置地址池中向客户端下发的网关地址和地址租约期：

[H3C-dhcp-pool-pool1] gateway-list 192.168.1.254

[H3C-dhcp-pool-pool1] expired day 3

配置禁止分配的 IP 地址：

[H3C] dhcp server forbidden-ip 192.168.1.99

[H3C] dhcp server forbidden-ip 192.168.1.254

可以通过以下命令查看地址分配情况：

[H3C] display dhcp server ip-in-use all

实验任务 2　配置 PSK 认证无线服务

步骤 1：创建无线服务模板。

创建无线服务模板 service-template 2，定义 SSID 名称为 "h3c-psk"，确保客户端从无线服务模板 service-template 2 上线后会被加入 VLAN 2，配置身份认证与密钥管理模式为 PSK 模式，配置 PSK 密钥为明文字符串 12345678，配置加密套件为 CCMP，安全信息元素为 RSN。

[H3C] wlan service-template 2

[H3C-wlan-st-2] ssid h3c-psk

[H3C-wlan-st-2] vlan 2

[H3C-wlan-st-2] akm mode psk

[H3C-wlan-st-2] preshared-key pass-phrase simple 12345678

[H3C-wlan-st-2] cipher-suite ccmp

[H3C-wlan-st-2] security-ie rsn

[H3C-wlan-st-2] service-template enable

步骤 2：创建无线射频接口，并绑定无线服务模板。

将无线服务模板 service2 绑定到 WLAN-Radio 1/0/1 接口。

[H3C] interface WLAN-Radio 1/0/2

[H3C-WLAN-Radio1/0/1] service-template 2

实验 10　AC+FIT AP 通过二层网络注册

10.1　实验内容与目标

完成本实验，学员应该能够：

（1）了解 FIT AP 和 AC（无线网络控制器）二层网络连接的组网方案。

（2）了解 FIT AP 在二层网络情况下在 AC 上的注册流程。

（3）掌握二层网络情况下 FIT AP 在 AC 成功注册的配置要点。

AC+FIT AP 通过二层
网络注册

10.2　实验组网图

本实验组网如图 4-10-1 所示。配置终端笔记本通过串口线连接到 AC 的 Console 口上，用于相关配置以及查看 FIT AP 注册信息：

（1）AC 管理地址 192.168.1.99。

（2）Switch 管理地址 192.168.1.254。

（3）FIT AP 和 AC 在 Switch 的同一 VLAN 中，之间通过二层网络连接。

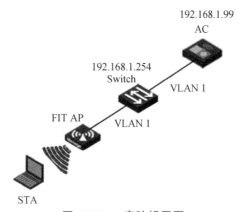

图 4-10-1　实验组网图

10.3　实验过程

按上述组网要求完成 FIT AP 和 AC 的连接，实现 FIT AP 和 AC 二层互联。

实验任务 1　在设备的接口地址

步骤 1：配置 AC 的接口地址。

配置 AC 的 VLAN 1 接口地址为 192.168.1.99/24：

[H3C] interface vlan-interface 1

[H3C-Vlan-interface1] ip address 192.168.1.99 24

步骤 2：配置交换机 Switch 的接口地址。

配置 Switch 的 VLAN 1 接口地址为 192.168.1.254/24：

[H3C] interface vlan-interface 1

[H3C-Vlan-interface1] ip address 192.168.1.254 24

实验任务 2　在 AC 上配置 DHCP 地址池

步骤 1：在 AC 上配置 DHCP 地址池。

在 AC 上使能 DHCP 功能，创建 192.168.1.0/24 网段的地址池，为无线终端分配 IP 地址：

[H3C] dhcp enable

[H3C] dhcp server ip-pool pool1

[H3C-dhcp-pool-pool1] network 192.168.1.0 mask 255.255.255.0

步骤 2：配置下发的网关地址和租约期。

[H3C-dhcp-pool-pool1] gateway-list 192.168.1.254

[H3C-dhcp-pool-pool1] expired day 3

步骤 3：查看 IP 地址分配情况。

在 AC 上通过以下命令查看 IP 地址的分配情况：

[H3C] display dhcp server ip-in-use all

从 AC 上 ping FIT AP 的地址，保证 FIT AP 与 AC 之间的连通性。

实验任务 3　在 AC 上配置 FIT AP 实现注册

步骤 1：查看 AP 序列号。

在 AP 设备背面标签上查看此 AP 的序列号，序列号是以 "219801A" 开始的 20 位字符串，如图 4-10-2 所示。

图 4-10-2　AP 序列号

步骤 2：在 AC 上添加 FIT AP 并配置其序列号。

[H3C] wlan ap ap1 model WA5620

[H3C-wlan-ap-ap1] serial-id 219801A0YH816CE00056

AP 型号和序列号以实际实验中使用的 AP 型号及序列号为准。

实验任务 4　在 AC 查看 AP 的注册状态

在 AC 上可通过命令"display wlan ap all"查看 FIT AP 的注册状态。如果"state"是"Run"，表示此 FIT AP 注册成功；如果是"Idle"，表示此 FIT AP 未注册成功。

FIT AP 注册成功后，可通过命令"display wlan ap all verbose"查看 FIT AP 注册的详细信息，比如 AP 的注册时长。

第5部分　网络安全与广域网互联

◆　预备知识和技能

1. 防火墙

防火墙（Firewall）是在两个网络之间执行访问控制策略的一个或一组系统，包括硬件和软件，其目的是保护网络不被侵扰。在逻辑上，防火墙是一个分离器，也是分析器，还是一个限制器，能够有效地监控流经防火墙的数据，保证内部网络的安全。本质上，防火墙遵循的是一种允许或阻止业务来往的网络通信安全机制，也就是提供可控的、能过滤的网络通信。

不管什么种类的防火墙，不论其采用何种技术手段，防火墙都必须具有以下三种基本性质：

（1）防火墙是不同网络之间信息交换的唯一出入口。

（2）防火墙能根据网络安全策略控制（允许、拒绝或监测）出入网络的信息流，且自身具有较强的抗攻击能力（采用不易被攻击的专用系统或采用纯硬件的处理器芯片）。

（3）防火墙本身不能影响正常网络信息的流通。

2. 防火墙的关键技术

1）包过滤技术

包过滤技术是最早也是最基本的访问控制技术，又称报文过滤技术。包过滤技术的作用是执行边界访问控制功能，即对网络通信数据进行过滤（Filtering）。数据包中的信息如果与某一条过滤规则相匹配并且该规则允许数据包通过，则该数据包会被防火墙转发，如果与某一条过滤规则匹配但规则拒绝数据包通过，则该数据包会被丢弃。如果没有可匹配的规则，缺省规则会决定数据包被转发还是被丢弃，并且根据预先的定义完成记录日志信息，发送报警信息给管理人员等。

包过滤技术的工作对象就是数据包，具体来说，就是针对数据包首部的五元组信息，包括源 IP 地址、目的 IP 地址、源端口、目的端口、协议号，用来制定相应的过滤规则。

2）状态检测技术

为了解决静态包过滤技术安全检查措施简单、管理较困难等问题，提出了状态检测技术（Stateful Inspection）的概念。它能够提供比静态包过滤技术更高的安全性，而且使用和管理也更简单。这体现在状态检测技术可以根据实际情况，动态地自动生成或删除安全过滤规则，不需要管理人员手工配置。同时，还可以分析高层协议，能够更有效地对进出内部网络的通信进行监控，并且提供更好的日志和审计分析服务。早期的状态检测技术被称为动态包过滤（Dynamic Packet Filter）技术，是静态包过滤技术在传输层的扩展应用。后期经过进一步的改进，其又可以实现传输层协议报文字段细节的过滤，并可实现部分应用层信息的过滤。状态检测不仅仅只是对状态进行检测，还进行包过滤检测，从而提高了防火墙的功能。

3）网络地址转换技术

网络地址转换（Network Address Translation，NAT），也称 IP 地址伪装（IP Masquerading），最初的目的是允许将私有 IP 地址映射到公网上（合法的因特网 IP 地址），以缓解 IP 地址短缺的问题。但是，通过 NAT 可以实现内部主机地址隐藏，防止内部网络结构被人掌控，因此从一定程度上降低了内部网络被攻击的可能性，提高了私有网络的安全性。正是内部主机地址隐藏的特性，使 NAT 技术成为了防火墙实现中经常采用的核心技术之一。

4）代理技术

代理（Proxy）技术与前面所述的基于包过滤技术完全不同，是基于另一种思想的安全控制技术。采用代理技术的代理服务器运行在内部网络和外部网络之间，在应用层实现安全控制功能，起到内部网络与外部网络之间应用服务的转接作用。同时，代理防火墙不再围绕数据包，而着重于应用级别，分析经过它们的应用信息，从而决定是传输还是丢弃。

3. 防火墙的部署方式

防火墙常见的部署模式有桥模式、网关模式和 NAT 模式等。

1）桥模式

桥模式也称为透明模式。工作在桥模式下的防火墙不需要配置 IP 地址，无须对网络地址进行重新规划，对于用户而言，防火墙仿佛不存在，因此被称为透明式。

2）网关模式

网关模式适用于网络不在同一网段的情况。防火墙设置网关地址实现路由器的功能，为不同网段进行路由转发。

网关模式相比桥模式具备更高的安全性,在进行访问控制的同时实现了安全隔离，具备一定的私密性。

3）NAT 模式

NAT 模式是由防火墙对内部网络的 IP 地址进行地址翻译，使用防火墙的 IP 地址替换内部网络的源地址向外部网络发送数据；当外部网络的响应数据流量返回到防火墙后，防火墙再将目的地址替换为内部网络的源地址。

NAT 模式保证了外部网络无法得到内部网络的 IP 地址，进一步增强了对内部网络的安全防护。同时，在 NAT 模式的网络中，内部网络可以使用私网地址，解决了 IP 地址数量受限的问题。

实验 11　ACL 包过滤

11.1　实验内容与目标

ACL 包过滤

完成本实验，学员应该能够：

（1）了解访问控制列表的简单工作原理。

（2）掌握访问控制列表的基本配置方法。

（3）掌握访问控制列表的常用配置命令。

11.2　实验组网图

本实验组网如图 5-11-1 所示。

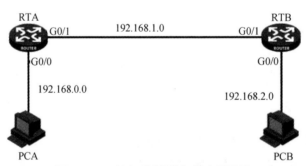

图 5-11-1　访问控制列表实验组网图

11.3　实验过程

实验任务 1　配置基本 ACL

本实验任务主要是通过在路由器上实施基本 ACL 来禁止 PCA 访问本网段外的网络，使学员熟悉基本 ACL 的配置和作用。

步骤 1：建立物理连接。

按照图 5-11-1 进行连接，并检查路由器的软件版本及配置信息，确保路由器软件版本符合要求，所有配置为初始状态。如果配置不符合要求，请读者在用户模式下擦除设备中的配置文件，然后重启路由器以使系统采用缺省的配置参数进行初始化。

以上步骤可能会用到以下命令：

<RTA> display version

<RTA> reset saved-configuration

<RTA> reboot

步骤 2：配置 IP 地址及路由。

按表 5-11-1 所示在 PC 上配置 IP 地址和网关。配置完成后，在 Windows 操作系统的"开始"菜单里选择"运行"，在弹出的窗口里输入 CMD，然后在命令提示符下用 ipconfig 命令来查看所配置的 IP 地址和网关是否正确。

表 5-11-1　IP 地址列表

设备名称	接口	IP 地址	网关
RTA	G0/1	192.168.1.1/24	—
	G0/0	192.168.0.1/24	—
RTB	G0/1	192.168.1.2/24	—
	G0/0	192.168.2.1/24	—
PCA	—	192.168.0.2/24	192.168.0.1
PCB	—	192.168.2.2/24	192.168.2.1

按表 5-11-1 所示在路由器接口上配置 IP 地址。

配置 RTA：

[RTA-GigabitEthernet0/0]ip address 192.168.0.1 24

[RTA-GigabitEthernet0/1]ip address 192.168.1.1 24

配置 RTB：

[RTB-GigabitEthernet0/0]ip address 192.168.2.1 24

[RTB-GigabitEthernet0/1]ip address 192.168.1.2 24

接下来可选择在路由器上配置静态路由或任一种动态路由来实现全网互通。

例如，我们可以使用 OSPF 协议，其配置如下：

配置 RTA：

[RTA]ospf

[RTA-ospf-1]area 0

[RTA-ospf-1-area-0.0.0.0]network 192.168.0.0 0.0.0.255

[RTA-ospf-1-area-0.0.0.0]network 192.168.1.0 0.0.0.255

配置 RTB：

[RTB]ospf

[RTB-ospf-1]area 0

[RTB-ospf-1-area-0.0.0.0]network 192.168.1.0 0.0.0.255

[RTB-ospf-1-area-0.0.0.0]network 192.168.2.0 0.0.0.255

配置完成后，请在 PCA 上通过 ping 命令来验证 PCA 与路由器、PCA 与 PCB 之间的可达性，如下所示：

C:\Documents and Settings\Administrator>ping 192.168.2.2

正在 Ping 192.168.2.2 具有 32 字节的数据：

来自 192.168.2.2 的回复: 字节=32 时间=20ms TTL=253

来自 192.168.2.2 的回复: 字节=32 时间=1ms TTL=253

来自 192.168.2.2 的回复: 字节=32 时间=1ms TTL=253

来自 192.168.2.2 的回复: 字节=32 时间=1ms TTL=253

192.168.2.2 的 Ping 统计信息：

数据包: 已发送 = 4，已接收 = 4，丢失 = 0 (0% 丢失)，

往返行程的估计时间(以毫秒为单位)：

最短 = 1ms，最长 = 20ms，平均 = 5ms

如果不可达，请参考本书相关实验来检查路由协议是否设置正确。

步骤 3：ACL 应用规划。

本实验的目的是使 PCA 不能访问本网段外的网络。请考虑如何在网络中应用 ACL 包过滤的相关问题：

（1）需要使用何种 ACL？

（2）ACL 规则的动作是 deny（拒绝）还是 permit（允许）？

（3）ACL 规则中的反掩码应该是什么？

（4）ACL 包过滤应该应用在路由器的哪个接口的哪个方向上？

下面是有关 ACL 规划的答案：

（1）仅使用源 IP 地址就能够识别 PCA 发出的数据报文，因此使用基本 ACL 即可。

（2）目的是使 PCA 不能访问本网段外的网络，因此 ACL 规则的动作是 deny。

（3）只需要限制从单台 PC 发出的报文，因此反掩码设置为 0.0.0.0。

（4）因为需要禁止 PCA 访问本网段外的网络，所以可以在 RTA 连接 PCA 的接口 G0/0 上应用 ACL，方向为 Inbound。

步骤 4：配置基本 ACL 并应用。

在路由器 RTA 上定义 ACL 如下：

[RTA]acl basic 2001

[RTA-acl-ipv4-basic-2001]rule deny source 192.168.0.2 0.0.0.0

RTA 上包过滤防火墙功能默认开启，默认动作为 permit。

在 RTA 的 G0/0 上应用 ACL：

[RTA-GigabitEthernet0/0]packet-filter 2001 inbound

步骤 5：验证防火墙作用。

在 PCA 上使用 ping 命令来测试从 PCA 到 PCB 的可达性，结果应该是不可达的，如下所示：

C:\Documents and Settings\Administrator>ping 192.168.2.2

正在 Ping 192.168.2.2 具有 32 字节的数据：

请求超时。

请求超时。

请求超时。

请求超时。

192.168.2.2 的 Ping 统计信息：

数据包：已发送 = 4，已接收 = 0，丢失 = 4（100% 丢失），

同时，在 RTA 上通过命令行来查看 ACL 及包过滤防火墙的状态和统计：

[RTA]display acl 2001

Basic IPv4 ACL 2001, 1 rule,

ACL's step is 5

rule 0 deny source 192.168.0.2 0 (5 times matched)

可以看到，有数据报文命中了 ACL 中定义的规则：

[RTA]display packet-filter interface inbound

Interface: GigabitEthernet0/0

In-bound policy:

IPv4 ACL 2001

IPv4 default action: Permit

[RTA]display packet-filter statistics sum inbound 2001

Sum:

In-bound policy:

IPv4 ACL 2001

rule 0 deny source 192.168.0.2 0 (429 packets)

Totally 0 packets permitted, 429 packets denied

Totally 0% permitted, 100% denied

可以看到，路由器启用了包过滤防火墙功能，使用 ACL 2001 来匹配进入接口 G0/0 的报文，过滤方向是 inbound。

实验任务 2　配置高级 ACL

本实验任务是通过在路由器上实施高级 ACL 来禁止从 PCA 到网络 192.168.2.0/24 的 FTP（文件传输协议）数据流，使学员熟悉高级 ACL 的配置和作用。

开始前，请清除设备上的 ACL 包过滤相关配置，即恢复到完成实验任务 1 步骤 2 时的配置。

步骤 1：ACL 应用规划。

本实验的目的是禁止从 PCA 到网络 192.168.2.0/24 的 FTP 数据流，但允许其他数据流通过。请学员考虑如何在网络中应用 ACL 包过滤的相关问题：

（1）需要使用何种 ACL？

（2）ACL 规则的动作是 deny 还是 permit？

（3）ACL 规则中的反掩码应该是什么？

（4）ACL 包过滤应该应用在路由器的哪个接口的哪个方向上？

下面是有关 ACL 规划的答案：

（1）本实验目的是要禁止从 PCA 到网络 192.168.2.0/24 的 FTP 数据流。需要使用协议端口号来识别 PCA 发出的 FTP 数据报文，因此必须使用高级 ACL。

（2）本实验目的是使 PC 之间不可达，因此 ACL 规则的动作是 deny。

（3）本实验中只需要限制从单台 PC 发出的到网络 192.168.2.0/24 的报文，因此需要设置源 IP 地址反掩码为 0.0.0.0，目的 IP 反掩码为 0.0.0.255；

（4）因为需要禁止 PCA 发出的数据，所以可以在 RTA 连接 PCA 的接口 G0/0 上应用 ACL，方向为 inbound。

步骤 2：配置高级 ACL 并应用。

在路由器 RTA 上定义 ACL 如下：

[RTA]acl advanced 3002

[RTA-acl-ipv4-adv-3002]rule deny tcp source 192.168.0.2 0.0.0.0 destination 192.168.2.1 0.0.0.255 destination-port eq ftp

[RTA-acl-ipv4-adv-3002]rule permit ip source 192.168.0.2 0.0.0.0 destination 192.168.2.0 0.0.0.255

RTA 上包过滤防火墙功能默认开启，默认动作为 permit。

在 RTA 的 G0/0 上应用 ACL：

[RTA-GigabitEthernet0/0]packet-filter 3002 inbound

步骤 3：验证防火墙作用。

在 PCA 上使用 ping 命令来测试从 PCA 到 PCB 的可达性，结果应该是可达的，如下所示：

C:\Documents and Settings\Administrator>ping 192.168.2.2

正在 Ping 192.168.2.2 具有 32 字节的数据：

来自 192.168.2.2 的回复: 字节=32 时间=27ms TTL=253

来自 192.168.2.2 的回复: 字节=32 时间=1ms TTL=253

来自 192.168.2.2 的回复: 字节=32 时间=2ms TTL=253

来自 192.168.2.2 的回复: 字节=32 时间=1ms TTL=253

192.168.2.2 的 Ping 统计信息：

数据包: 已发送= 4，已接收=4，丢失 = 0 (0%丢失)，

往返行程的估计时间以毫秒为单位)：

最短 = 1ms，最长 = 27ms，平均 = 7ms

在 PCB 上开启 FTP 服务，然后在 PCA 上使用 FTP 客户端软件连接到 PCB，结果应该是 FTP 未连接，如下所示：

C:\Documents and Settings\Administrator>ftp 192.168.2.2

ftp> dir

未连接。

ftp>

同时，在 RTA 上可以通过命令行来查看 ACL 及防火墙的状态和统计：

[RTA]display acl 3002

Advanced IPv4 ACL 3002, 2 rules,

ACL's step is 5

rule 0 deny tcp source 192.168.0.2 0 destination 192.168.2.0 0.0.0.255 destination-port eq ftp (12 times matched)

rule 5 permit ip source 192.168.0.2 0 destination 192.168.2.0 0.0.0.255 (2 times matched)

可以看到，分别有数据报文命中了 ACL 3002 的两个规则。

[RTA]display packet-filter interface inbound

Interface: GigabitEthernet0/0

In-bound policy:

IPv4 ACL 3002

IPv4 default action: Permit

[RTA]display packet-filter statistics sum inbound 3002

Sum:

In-bound policy:

IPv4 ACL 3002

rule 0 deny tcp source 192.168.0.2 0 destination 192.168.2.0 0.0.0.255 destination-port eq ftp (9 packets)

rule 5 permit ip source 192.168.0.2 0 destination 192.168.2.0 0.0.0.255

Totally 0 packets permitted, 9 packets denied

Totally 0% permitted, 100% denied

可以看到，路由器启用了包过滤防火墙功能，使用 ACL 3002 来匹配进入接口 G0/0 的报文，过滤方向是 inbound。

11.4 实验中的命令列表

表 5-11-2　使用 ACL 实验包过滤实验命令列表

命令	描述
packet-filter default deny	配置缺省过滤方式
packet-filter [ipv6 | mac] { *acl-number* | name *acl-name* } { inbound | outbound }	配置接口的报文过滤功能
acl [**ipv6**] { **advanced** | **basic** } { *acl-number* | **name** *acl-name* } [match-order { auto | config }]	创建 ACL 并进入相应 ACL 视图
rule [*rule-id*] { deny | permit } [counting | fragment | logging | source { source-address source-wildcard | **any** } | **time-range** *time-range-name* | **vpn-instance** vpn-instance-name]	定义一个基本 IPv4 ACL 规则
rule [*rule-id*] { **deny** | **permit** } *protocol* [{ { **ack** *ack-value* | **fin** *fin-value* | **psh** psh-value | **rst** rst-value | **syn** syn-value | **urg** urg-value } | **established** } | **counting** | **destination** { **object-group** *address-group-name* | *dest-address dest-wildcard* | **any** } | **destination-port** { **object-group** *port-group-name* | operator port1 [port2] } | { **dscp** dscp | { **precedence** precedence | **tos** tos } } | **fragment** | **icmp-type** { *icmp-type* [*icmp-code*] | *icmp-message* } | **logging** | **source** { **object-group** address-group-name | source-address *source-wildcard* | **any** } | **source-port** { **object-group** *port-group-name* | operator port1 [port2] } | **time-range** time-range-name | **vpn-instance** vpn-instance-name]	定义一个高级 IPv4 ACL 规则
display acl [**ipv6**] { *acl-number* | **all** | **name** *acl-name* }	显示配置的 ACL 信息
display packet-filter { **interface** [*interface-type interface-number*] [inbound | outbound] | interface vlan-interface *vlan-interface-number* [inbound | outbound] [**slot** slot-number] }	查看包过滤防火墙的应用情况

实验 12　配置 NAT

12.1　实验内容与目标

完成本实验，学员应该能够：

（1）掌握 Basic NAT 的配置方法。

（2）掌握 NAPT 的配置方法。

（3）掌握 Easy IP 的配置方法。

（4）掌握 NAT Server 的配置方法。

配置 NAT

12.2　实验组网图

实验组网如图 5-12-1 所示，其由 2 台 MSR3620（RTA、RTB）路由器、2 台 S5820V2（SW1、SW2）交换机、3 台 PC（Client_A、Client_B、Server）组成，互联方式和 IP 地址分配参见图 5-12-1。

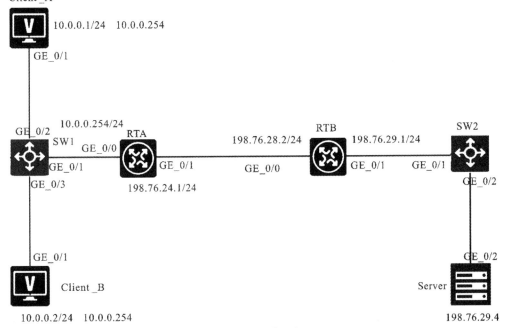

图 5-12-1　NAT 实验组网图

Client_A、Client_B 位于私网，网关为 RTA，RTA 同时为 NAT 设备，有 1 个私网接口（G0/0）和 1 个公网接口（G0/1），公网接口与公网路由器 RTB 互联。Server 位于公网，网关为 RTB。

本组网模拟了实际组网中涉及的几种 NAT 应用。Easy IP 配置最为简单，一般用于拨号接入互联网的场合；NAPT 可以提高公网 IP 的利用效率，适用于私网作为客户端访问公网服务器的场合；Basic NAT 不如 NAPT 普及；NAT Server 则用于私网需要对公网提供服务的场合。

12.3　实验过程

实验任务 1　配置 Basic NAT

本实验任务中，私网客户端 Client_A、Client_B 需要访问公网服务器 Server，而 RTB 上不能保有私网路由，因此将在 RTA 上配置 Basic NAT，动态地为 Client_A、Client_B 分配公网地址。

步骤 1：搭建实验环境。

首先，依照图 5-12-1 所示搭建实验环境，完成路由器 RTA 与 RTB 的接口 IP 地址的配置。为了对去往 Server 的数据包提供路由，在私网出口路由器 RTA 上需要配置一条静态路由，指向公网路由器 RTB，下一跳为 RTB 的接口 G0/0。这时 RTA 应该能 ping 通 Server。配置主机 Client_A 的 IP 地址为 10.0.0.1/24，网关为 10.0.0.254；配置主机 Client_B 的 IP 地址为 10.0.0.2/24，网关为 10.0.0.254。

步骤 2：基本配置。

完成 IP 地址、路由等基本配置：

[RTA]interface GigabitEthernet 0/0

[RTA-GigabitEthernet0/0]ip address 10.0.0.254 24

[RTA]interface GigabitEthernet 0/1

[RTA-GigabitEthernet0/1]ip address 198.76.28.1 24

[RTA]ip route-static 0.0.0.0 0 198.76.28.2

[RTB]interface GigabitEthernet 0/0

[RTB-GigabitEthernet0/0]ip address 198.76.28.2 24

[RTB]interface GigabitEthernet 0/1

[RTB-GigabitEthernet0/1]ip address 198.76.29.1 24

步骤 3：检查连通性。

分别在 Client_A 和 Client_B 上 ping Server（IP 地址为 198.76.29.4），显示如下：

C:\>ping 198.76.29.4

正在 Ping 198.76.29.4 具有 32 字节的数据：

请求超时。

请求超时。

请求超时。

请求超时。

198.76.29.4 的 Ping 统计信息：

数据包: 已发送 = 4, 已接收 = 0, 丢失 = 4 (100% 丢失),

结果显示, 从 Client_A、Client_B 无法 ping 通 Server。这是因为在公网路由器上不可能有私网的路由, 从 Server 回应的 ping 响应报文到 RTB 的路由表上无法找到 10.0.0.0 网段的路由。

步骤 4: 配置 Basic NAT。

在 RTA 上配置 Basic NAT:

通过 ACL 定义一条源地址属于 10.0.0.0/24 网段的流。

[RTA]acl basic 2000

[RTA-acl-ipv4-basic-2000]rule 0 permit source 10.0.0.0 0.0.0.255

配置 NAT 地址池 1, 地址池中的用于地址转换的地址从 198.76.28.11 到 198.76.28.20 共 10 个:

[RTA]nat address-group 1

[RTA-address-group-1]address 198.76.28.11 198.76.28.20

进入接口模式视图:

[RTA]interface GigabitEthernet 0/1

将地址池 1 与 ACL 2000 关联, 并在接口下发, 方向为出方向。

[RTA-GigabitEthernet0/1]nat outbound 2000 address-group 1 no-pat

由配置可见, 在 RTA 上配置了公网地址池 address-group 1, 地址范围为 198.76.28.11~198.76.28.20。参数 no-pat 表示使用一对一的地址转换, 只转换数据包的地址而不转换端口信息。此时路由器 RTA 会对该接口上出方向并且匹配 acl 2000 的流量做地址转换。

步骤 5: 检查连通性。

从 Client_A、Client_B 分别 ping Server, 能够 ping 通:

C:\>ping 198.76.29.4

正在 Ping 198.76.29.4 具有 32 字节的数据:

来自 198.76.29.4 的回复: 字节=32 时间=46ms TTL=253

来自 198.76.29.4 的回复: 字节=32 时间=1ms TTL=253

来自 198.76.29.4 的回复: 字节=32 时间=1ms TTL=253

来自 198.76.29.4 的回复: 字节=32 时间=1ms TTL=253

198.76.29.4 的 Ping 统计信息:

数据包: 已发送 = 4, 已接收 = 4, 丢失 = 0 (0% 丢失),

往返行程的估计时间(以毫秒为单位):

最短 = 1ms, 最长 = 46ms, 平均 = 12ms

步骤 6: 检查 NAT 表项。

完成上一步骤后, 立即在 RTA 上检查 NAT 表项:

<RTA>display nat session

Initiator:

Source   IP/port: 10.0.0.2/249

Destination　　IP/port: 198.76.29.4/2048

DS-Lite tunnel　　peer: -

VPN instance/VLAN ID/VLL ID: -/-/-

Protocol: ICMP(1)

Initiator:

Source　　　　IP/port: 10.0.0.1/210

Destination　　IP/port: 198.76.29.4/2048

DS-Lite tunnel　　peer: -

VPN instance/VLAN ID/VLL ID: -/-/-

Protocol: ICMP(1)

Total sessions found: 2

<RTA>display nat no-pat

Local　　　IP: 10.0.0.1

Global　　IP: 198.76.28.12

Reversible:　N

Type　　　: Outbound

Local　　　IP: 10.0.0.2

Global　　IP: 198.76.28.11

Reversible: N

Type　　　: Outbound

Total entries found: 2

从显示信息中可以看出，该 ICMP 报文的源地址 10.0.0.1 已经转换成公网地址198.76.28.12，源端口号为 249，目的端口号为 2048；源地址 10.0.0.2 已经转换成公网地址198.76.28.11，源端口号为 210，目的端口号为 2048。一分钟以后再次观察此表项，发现表中后两项消失了，四分钟以后再次观察，发现表项全部消失，显示如下：

<RTA>display nat session

Total sessions found: 0

这是因为 NAT 表项具有一定的老化时间（aging-time），一旦超过老化时间，NAT 会删除表项。可以通过命令 display session aging-time state 查看路由器会话的默认老化时间：

[RTA]display session aging-time state

State	Aging Time(s)
SYN	30
TCP-EST	3600
FIN	30
UDP-OPEN	30
UDP-READY	60

```
ICMP-REQUEST       60
ICMP-REPLY         30
RAWIP-OPEN         30
RAWIP-READY        60
UDPLITE-OPEN       30
UDPLITE-READY      60
DCCP-REQUEST       30
DCCP-EST           3600
DCCP-CLOSEREQ      30
SCTP-INIT          30
SCTP-EST           3600
SCTP-SHUTDOWN      30
ICMPV6-REQUEST     60
ICMPV6-REPLY       30
```

如有必要，还可以通过命令 session aging-time 对 NAT 会话各连接的老化时间进行修改。

除此之外，还可以观察 NAT 的调试信息，显示如下：

```
<RTA>terminal monitor
The current terminal is enabled to display logs.
<RTA>terminal debugging
The current terminal is enabled to display debugging logs.
<RTA>debugging nat packet
<RTA> *Nov 13 10:05:09:565 2014 RTA NAT/7/COMMON:
PACKET:      (GigabitEthernet0/0-out)    Protocol: ICMP
10.0.0.1:        0 -    198.76.29.4:       0(VPN:    0) ------>
198.76.28.14:    0 -    198.76.29.4:       0(VPN:    0)
```

上述调试信息中的转换信息表明：在 GigabitEthernet0/0-out 方向，ICMP 报文的源地址 10.0.0.1 转换成 198.76.28.14。

注意：虽然理论上每个 IP 地址有 65 535 个端口，除去协议已占用和保留端口外，实际可用于地址转换的端口远少于理论值。

步骤 7：恢复配置。

在 RTA 上删除 Basic NAT 相关配置。

删除 NAT 地址池：

```
[RTA]undo nat address-group 1
```

在接口下删除 NAT 绑定：

```
[RTA]interface GigabitEthernet 0/1
[RTA-GigabitEthernet0/1]undo nat outbound 2000
```

实验任务 2　NAPT 配置

私网客户端 Client_A、Client_B 需要访问公网服务器 Server，但由于公网地址有限，在 RTA 上配置的公网地址池范围为 198.76.28.11 ~ 198.76.28.11，因此需要配置 NAPT 来动态地为 Client_A、Client_B 分配公网地址和协议端口。

步骤 1：搭建实验环境。

搭建实验环境，如同实验任务 1 中的步骤 1 和步骤 2。

步骤 2：检查连通性。

从 Client_A、Client_B ping Server（IP 地址为 198.76.29.4），显示如下：

C:\>ping 198.76.29.4

正在 Ping 198.76.29.4 具有 32 字节的数据：

请求超时。

请求超时。

请求超时。

请求超时。

198.76.29.4 的 Ping 统计信息：

数据包: 已发送 = 4，已接收 = 0，丢失 = 4（100% 丢失），

结果显示，从 Client_A、Client_B 无法 ping 通 Server。

步骤 3：配置 NAPT。

在 RTA 上完成 NAPT 相关配置：

通过 ACL 定义一条源地址属于 10.0.0.0/24 网段的流。

[RTA]acl basic 2000

[RTA-acl-ipv4-basic-2000]rule 0 permit source 10.0.0.0 0.0.0.255

配置 NAT 地址池 1，地址池中只放入一个地址 198.76.28.11。

[RTA]nat address-group 1

[RTA-address-group-1]address 198.76.28.11 198.76.28.11

在接口视图下将 NAT 地址池与 acl 2000 绑定并下发。

[RTA]interface GigabitEthernet 0/1

[RTA-GigabitEthernet0/1]nat outbound 2000 address-group 1

此时未携带 no-pat 关键字，意味着 NAT 要对数据包进行端口的转换。

步骤 4：检查连通性。

从 Client_A、Client_B 上分别 ping Server，能够 ping 通：

C:\>ping 198.76.29.4

正在 Ping 198.76.29.4 具有 32 字节的数据：

来自 198.76.29.4 的回复: 字节=32 时间=46ms TTL=253

来自 198.76.29.4 的回复: 字节=32 时间=1ms TTL=253

来自 198.76.29.4 的回复: 字节=32 时间=1ms TTL=253

来自 198.76.29.4 的回复: 字节=32 时间=1ms TTL=253

198.76.29.4 的 Ping 统计信息:

数据包: 已发送 = 4, 已接收 = 4, 丢失 = 0 (0% 丢失),

往返行程的估计时间(以毫秒为单位):

最短 = 1ms, 最长 = 46ms, 平均 = 12ms

步骤 5: 检查 NAT 表项。

完成上一步骤后, 立即在 RTA 上检查 NAT 表项:

[RTA]display nat session verbose

Initiator:

Source　　　IP/port: 10.0.0.1/247

Destination　　IP/port: 198.76.29.4/2048

DS-Lite tunnel　　peer: -

VPN instance/VLAN ID/VLL ID: -/-/-

Protocol: ICMP(1)

Responder:

Source　　　IP/port: 198.76.29.4/2

Destination　　IP/port: 198.76.28.11/0

DS-Lite tunnel　　peer: -

VPN instance/VLAN ID/VLL ID: -/-/-

Protocol: ICMP(1)

State: ICMP_REPLY

Application: OTHER

Start time: 2014-11-13 10:19:04　　TTL: 15s

Interface(in) : GigabitEthernet0/0

Interface(out): GigabitEthernet0/1

Initiator->Responder:　　　　5 packets　　　　420 bytes

Responder->Initiator:　　　　5 packets　　　　420 bytes

Initiator:

Source　　　IP/port: 10.0.0.2/218

Destination　　IP/port: 198.76.29.4/2048

DS-Lite tunnel　　peer: -

VPN instance/VLAN ID/VLL ID: -/-/-

Protocol: ICMP(1)

Responder:

Source　　　IP/port: 198.76.29.4/3

Destination　　IP/port: 198.76.28.11/0

DS-Lite tunnel　peer: -

VPN instance/VLAN ID/VLL ID: -/-/-

Protocol: ICMP(1)

State: ICMP_REPLY

Application: OTHER

Start time: 2014-11-13 10:19:09　TTL: 22s

Interface(in) : GigabitEthernet0/0

Interface(out): GigabitEthernet0/1

Initiator->Responder:　　　　　4 packets　　　　336 bytes

Responder->Initiator:　　　　　4 packets　　　　336 bytes

Total sessions found: 2

从表项中可以看到源地址 10.0.0.1 和 10.0.0.2 都转换成同一个公网地址 198.76.28.11，所不同的是转换后的端口，10.0.0.1 转换后的端口为 12289，10.0.0.2 转换后的端口为 12288 。当 RTA 出接口收到目的地址为 198.76.28.11 的回程流量时，正是用当初转换时赋予的不同的端口来分辨该流量是转发给 10.0.0.1 还是 10.0.0.2。NAPT 正是靠这种方式，对数据包的 IP 层和传输层信息同时进行转换，显著地提高公有 IP 地址的利用效率。

步骤 6：恢复配置。

在 RTA 上删除 NAPT 相关配置：

[RTA]undo nat address-group 1

[RTA]interface GigabitEthernet 0/1

[RTA-GigabitEthernet0/1]undo nat outbound 2000

实验任务 3　Easy IP 配置

私网客户端 Client_A、Client_B 需要访问公网服务器 Server，使用公网接口动态为 Client_A、Client_B 分配公网 IP 地址和协议端口。

步骤 1：搭建实验环境。

搭建实验环境，如同实验任务 1 中的步骤 1 和步骤 2。

步骤 2：检查连通性。

从 Client_A、Client_B ping Server（IP 地址为 198.76.29.4），无法 ping 通。

步骤 3：配置 Easy IP。

在 RTA 上完成 Easy IP 相关配置：

通过 ACL 定义一条源地址属于 10.0.0.0/24 网段的流：

[RTA]acl basic 2000

[RTA-acl-ipv4-basic-2000]rule 0 permit source 10.0.0.0 0.0.0.255

在接口视图下将 acl 2000 与接口关联下发 NAT：

[RTA]interface GigabitEthernet 0/1

[RTA-GigabitEthernet0/1]nat outbound 2000

步骤 4：检查连通性。

从 Client_A、Client_B 分别 ping Server，能够 ping 通。

步骤 5：检查 NAT 表项。

完成上一步骤后，立即在 RTA 上检查 NAT 表项：

[RTA]display nat session verbose

Initiator:

Source　　　IP/port: 10.0.0.1/255

Destination　IP/port: 198.76.29.4/2048

DS-Lite tunnel　peer: -

VPN instance/VLAN ID/VLL ID: -/-/-

Protocol: ICMP(1)

Responder:

Source　　　IP/port: 198.76.29.4/2

Destination　IP/port: 198.76.28.1/0

DS-Lite tunnel　peer: -

VPN instance/VLAN ID/VLL ID: -/-/-

Protocol: ICMP(1)

State: ICMP_REPLY

Application: OTHER

Start time: 2014-11-13 10:24:56　TTL: 15s

Interface(in) : GigabitEthernet0/0

Interface(out): GigabitEthernet0/1

Initiator->Responder:　　　　5 packets　　　420 bytes

Responder->Initiator:　　　　5 packets　　　420 bytes

Initiator:

Source　　　IP/port: 10.0.0.2/219

Destination　IP/port: 198.76.29.4/2048

DS-Lite tunnel　peer: -

VPN instance/VLAN ID/VLL ID: -/-/-

Protocol: ICMP(1)

Responder:

Source　　　IP/port: 198.76.29.4/3

Destination　IP/port: 198.76.28.1/0

DS-Lite tunnel　peer: -

VPN instance/VLAN ID/VLL ID: -/-/-

Protocol: ICMP(1)

State: ICMP_REPLY

Application: OTHER

Start time: 2014-11-13 10:24:59   TTL: 19s

Interface(in) : GigabitEthernet0/0

Interface(out): GigabitEthernet0/1

Initiator->Responder: 5 packets   420 bytes

Responder->Initiator: 5 packets   420 bytes

Total sessions found: 2

<RTA>display nat session brief

There are currently 2 NAT sessions:

Protocol	GlobalAddr	Port	InsideAddr	Port	DestAddr	Port
ICMP	198.76.28.1	12290	10.0.0.1	1024	198.76.29.4	1024
ICMP	198.76.28.1	12289	10.0.0.2	512	198.76.29.4	512

从显示信息中可以看到，源地址 10.0.0.1 和 10.0.0.2 都转换为 RTA 的出接口地址 198.76.28.1。

请思考一个问题：在步骤 4 中，完成 NAT 配置后，从 Client_A 能够 ping 通 Server，但是如果从 Server 端 ping Client_A 呢？ping 命令结果显示如下：

C:\>ping 10.0.0.1

正在 Ping 10.0.0.1 具有 32 字节的数据:

请求超时。

请求超时。

请求超时。

请求超时。

10.0.0.1 的 Ping 统计信息:

数据包: 已发送 = 4，已接收 = 0，丢失 = 4 (100% 丢失),

结果显示 Server 不能 ping 通 Client_A。为什么呢？

仔细思考，不难发现在 RTA 上始终没有 10.0.0.0/24 网段的路由，所以 Server 直接 ping Client_A 是不可达的。而 Client_A 能 ping 通 Server 是因为，由 Server 回应的 ICMP 回程报文源地址是 Server 的地址 198.76.29.4，但是目的地址是 RTA 的出接口地址 198.76.28.1，而不是 Client_A 的实际源地址 10.0.0.1。也就是说这个 ICMP 连接必须是由 Client 端来发起连接，触发 RTA 做地址转换后转发。还记得我们在 RTA 出接口 G0/1 下发 NAT 配置时的那个 outbound 吗？用来表示 NAT 操作是在出方向使能有效。所以，如果从 Server 端始发 ICMP 报文 ping Client 端，是无法触发 RTA 做地址转换的。

那么，要想让 Server 端能够 ping 通 Client_A，应该怎么做呢？在实验任务 4 中可以找到答案。

步骤 6：恢复配置。

在 RTA 上删除 Easy IP 相关配置。

[RTA]undo nat address-group 1

[RTA]interface GigabitEthernet 0/1

[RTA-GigabitEthernet0/1]undo nat outbound 2000

实验任务 4　NAT Server 配置

Client_A 需要对外提供 ICMP 服务，在 RTA 上为 Client_A 静态映射公网地址和协议端口，公网地址为 198.76.28.11。

步骤 1：检查连通性。

从 Server ping Client_A 的私网地址 10.0.0.1，无法 ping 通。

步骤 2：配置 NAT Server。

在 RTA 上完成 NAT Server 相关配置。

[RTA]interface GigabitEthernet 0/1

在出接口上将私网服务器地址和公网地址做一对一 NAT 映射：

[RTA-GigabitEthernet0/1]nat server protocol icmp global 198.76.28.11 inside 10.0.0.1

步骤 3：检查连通性。

从 Server 主动 ping Client_A 的公网地址 198.76.28.11，能够 ping 通。

C:\>ping 198.76.28.11

Pinging 198.76.28.11 with 32 bytes of data:

Reply from 198.76.28.11: bytes=32 time=1ms TTL=126

Reply from 198.76.28.11: bytes=32 time=1ms TTL=126

Reply from 198.76.28.11: bytes=32 time=1ms TTL=126

Reply from 198.76.28.11: bytes=32 time=1ms TTL=126

Ping statistics for 198.76.28.11:

Packets: Sent = 4, Received = 4, Lost = 0 (0% loss),

Approximate round trip times in milli-seconds:

Minimum = 1ms, Maximum = 1ms, Average = 1ms

步骤 4：检查 NAT 表项。

在 RTA 上检查 NAT Server 表项：

[RTA]display nat session verbose

Initiator:

Source   IP/port: 198.76.29.4/236

Destination   IP/port: 198.76.28.11/2048

DS-Lite tunnel   peer: -

VPN instance/VLAN ID/VLL ID: -/-/-

Protocol: ICMP(1)

Responder:

Source　　　IP/port: 10.0.0.1/236

Destination　IP/port: 198.76.29.4/0

DS-Lite tunnel　peer: -

VPN instance/VLAN ID/VLL ID: -/-/-

Protocol: ICMP(1)

State: ICMP_REPLY

Application: OTHER

Start time: 2014-11-13 10:31:45　TTL: 26s

Interface(in) : GigabitEthernet0/1

Interface(out): GigabitEthernet0/0

Initiator->Responder:　　　　　5 packets　　　　420 bytes

Responder->Initiator:　　　　　5 packets　　　　420 bytes

Total sessions found: 1

[RTA]display nat server

Server in private network information:

There are currently 1 internal servers

Interface:GigabitEthernet0/1, Protocol:1(icmp),

[global]　　198.76.28.11:　　　- - - -　　　[local]　　　　　10.0.0.1:　　　　- - - -

表项信息中显示出公网地址和私网地址的一对一的映射关系。

步骤 5：恢复配置。

在 RTA 上删除 NAT Server 相关配置。

[RTA]interface GigabitEthernet 0/1

[RTA-GigabitEthernet0/1]undo nat server protocol icmp global 198.76.28.11

NAT Server 特性就是为了满足公网客户端访问私网内部服务器的需求，将私网地址/端口静态映射成公网地址/端口，以供公网客户端访问。比如在实际应用中，客户的私有网络中的一台 WEB 或 FTP 服务器需要对公网客户提供服务，这时需要使用 NAT Server 特性对外映射一个公网地址给自己的私网服务器。请思考，这时如果用 Client_A 主动 ping Server 能否 ping 通？用 Client_B 能否 ping 通 Server？为什么？

按照上面 RTA 中的 NAT Server 的配置命令，如果 Client_A 是一台 FTP 服务器，需要对外提供 FTP 服务，只要修改 NAT Server 的相关配置即可。NAT Server 相关配置如下所示：

[RTB]interface GigabitEthernet 0/1

[RTB-GigabitEthernet0/1]nat server protocol tcp global 198.76.28.11 ftp inside
10.0.0.1 ftp

12.4　实验中的命令列表

表 5-12-1　NAT 实验命令列表

命令	描述
nat address-group *group-number*	配置地址池
address start-addr end-addr	在地址池中加入地址
nat outbound *acl-number* address-group *group-number* no-pat	配置地址转换
nat server protocol *pro-type* global global-addr [global-port] **inside** host-addr [host-port]	配置 NAT Server
display nat session [{ source-ip *source-ip* | **destination-ip** *destination-ip* } *] [**slot** *slot-number*] [**verbose**] [**brief**]	查看 NAT 会话信息

实验 13　配置 PPPoE

13.1　实验内容与目标

完成本实验后，学员将能够：
（1）完成 PPPoE 连接的基本配置。
（2）了解和熟悉 PPPoE 的应用场景及使用方法。

配置 PPPoE

13.2　实验组网图

实验组网如图 5-13-1 所示，由 2 台 MSR3620（PPPoE Server、PPPoE Client）路由器、2 台 S5820V2（SWA、SWB）交换机、3 台 PC（PCA、PCB、Internet）组成，互联方式和 IP 地址分配参见图 5-13-1 与表 5-13-1。

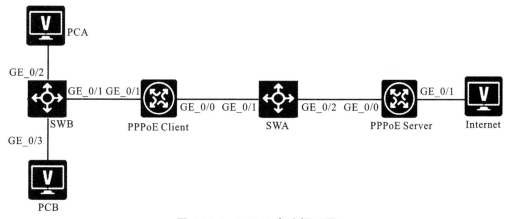

图 5-13-1　PPPoE 实验组网图

本组网模拟了实际组网中 PPPoE 的应用，PCA、PCB 及 SWB 位于私网，PCA 及 PCB 可以理解为家庭终端，网关为 PPPoE Client，其同时也为 NAT 设备，PPPoE Client 和 SWB 可以一起被理解为家用路由器，有 1 个私网接口（G0/1）和 1 个公网接口（G0/0，可以认为是家庭路由器上的 WAN 口），公网接口通过 SWA（模拟城域网络）与公网 PPPoE Server 相连。PPPoE Server 及 Internet 位于公网，本实验用 1 台 PC 终端模拟 Internet，其网关为 PPPoE Server 的 G0/1 端口。

13.3 实验过程

本实验中的 PC 以及路由器的 IP 地址规划如表 5-13-1 所示。

表 5-13-1 IP 地址规划

设备	接口	IP 地址/掩码	备注
PCA	—	DHCP	192.168.0.0/24 网段
PCB	—	DHCP	192.168.0.0/24 网段
PPPoE Client	G0/1	192.168.0.254/24	终端 DHCP 地址池网关
	Dialer 1	DHCP	路由器 PPPoE Server
PPPoE Server	VT 1	1.1.1.1/24	PPPoE Client DHCP 地址池网关
	G0/1	2.2.2.1/30	
Internet	G0/1	2.2.2.2/30	外网服务器

实验任务 1　PPPoE Server 配置

在开始实验前，将路由器配置恢复到默认状态。

步骤 1：创建虚拟模板接口 1，配置接口 IP 地址，并采用 PAP 认证对端。

[H3C] sysname Server

[Server] interface virtual-template 1

[Server-Virtual-Template1] ip address 1.1.1.1 24

[Server-Virtual-Template1] ppp authentication-mode pap domain dm1

步骤 2：在 G0/0 接口上启用 PPPoE Server 协议，并与虚拟模板接口 1 绑定。

[Server] interface GigabitEthernet 0/0

[Server-GigabitEthernet0/0] pppoe-server bind virtual-template 1

步骤 3：配置 DHCP 地址池 pool1。

1 个 PPPoE Server 可以管理多个 PPPoE Client，通过设置地址池为其管理的 PPPoE Client 分配 IP 地址。

[Server] dhcp enable

[Server] dhcp server ip-pool pool1

[Server-dhcp-pool-pool1] network 1.1.1.0 24 export-route

[Server-dhcp-pool-pool1] gateway-list 1.1.1.1 export-route

[Server-dhcp-pool-pool1] forbidden-ip 1.1.1.1

步骤 4：配置 1 个 PPPoE 用户。

在 PPPoE Server 上配置本地用户名和密码，后续对端 PPPoE Client 的用户名和密码需要与该本地用户保持一致。

[Server] local-user user1 class network

[Server-luser-network-user1] password simple pass1

[Server-luser-network-user1] service-type ppp

这里要回想一下 PAP 验证的过程。PAP 验证是两次握手完成的，PAP 验证的第一步就是被验证方以明文的方式发送用户名和密码到验证方。在本实验中，RTB 作为被验证方，要把用户名 rtb 和密码 pwdpwd 以明文的方式发送给验证方 RTA，然后由 RTA 来确认。由此也可以看到 PAP 验证的不安全性。

步骤 5：在 ISP 域 dm1 下，配置域用户使用本地验证方案，并授权地址池 pool1。

[Server] domain dm1

[Server-isp-dm1] authentication ppp local

[Server-isp-dm1] authorization-attribute ip-pool pool1

步骤 6：配置 PPPoE Server G0/1 端口 IP 地址。

[Server] interface GigabitEthernet 0/1

[Server-GigabitEthernet0/1] ip address 2.2.2.1 30

实验任务 2　PPPoE Client 配置

在配置 PPPoE 会话之前，需要先配置一个 Dialer 接口，并在接口上开启共享 DDR。每个 PPPoE 会话唯一对应一个 Dialer bundle，而每个 Dialer bundle 又唯一对应一个 Dialer 接口。这样就相当于通过一个 Dialer 接口可以创建一个 PPPoE 会话。

步骤 1：拨号接口相关配置。

设置拨号访问组 1，对 IP 协议报文进行 DDR 拨号，并创建 Dialer 接口，将拨号访问组 1 与接口 Dialer 1 关联：

[H3C]sysname Client

[Client]dialer-group 1 rule ip permit

[Client]interface dialer 1

[Client-Dialer1]dialer-group 1

配置接口通过 PPP 协商获取 IP 地址，Dialer 1 会通过 PPPoE Server 动态获取 IP 地址：

[Client-Dialer1]ip address ppp-negotiate

在 Dialer 1 接口上使能共享 DDR：

[Client-Dialer1]dialer bundle enable

配置本地被 PPPoE Server 以 PAP 方式认证时 PPPoE Client 发送的 PAP 用户名和密码：

[Client-Dialer1]ppp pap local-user user1 password simple pass1

步骤 2：配置 PPPoE 会话。

建立一个 PPPoE 会话，并且指定该会话所对应的 Dialer bundle。该 Dialer bundle 的序号 number 需要与 Dialer 接口的编号相同。

[Client]interface GigabitEthernet 0/0

[Client-GigabitEthernet0/0]pppoe-client dial-bundle-number 1

配置 PPPoE Client 工作在永久在线模式，以便于测试配置效果：

[Client]interface dialer 1

[Client-Dialer1] dialer timer idle 0

PPPoE Client 配置完成后，PPPoE Client 就可以与远端的 PPPoE Server 建立 PPPoE 会话。可通过如下命令进行验证：

[climt-Dialer1] display pppoe-client session summary

Bundle	ID	Interface	VA	RemoteMAC	LocalMAC	State
1	1	GE0/0	VA0	9649-900e-0705	9661-d679-0a05	SESSION

当 PPPoE Client 通过 PPPoE 接入 Router 后，可在 PPPoE Server 通过如下命令显示所有 DHCP 地址绑定信息：

[Server]display dhcp server ip-in-use

IP address	Client identifier/ Hardware address	Lease expiration	Type
1.1.1.2	0039-3636-312e-6436- 3739-2e30-6130-352d- 6666-6666-6666-6666	Unlimited	Auto(C)

由此可知，PPPoE Client 被分配的公网 IP 地址为 1.1.1.2。

步骤 3：NAT 配置。

对于拨号接入这类常见的上网方式，其公网 IP 地址是由运营商方面动态分配的，无法事先确定，标准的 NAPT 无法为其做地址转换。Easy IP 适用于拨号接入 Internet 或动态获得 IP 地址的场合。

通过 ACL 定义一条源地址属于 10.0.0.0/24 网段的流：

[Client]acl basic 2000

[Client-acl-ipv4-basic-2000]rule 0 permit source 192.168.0.0 0.0.0.255

在 Dialer 接口视图下将 acl 2000 与接口关联下发 NAT：

[Client]interface Dialer 1

[Client-Dialer1] nat outbound 2000

步骤 4：私网配置。

配置私网地址池：

[Client]dhcp enable

[Client]dhcp server forbidden-ip 192.168.0.254

[Client]dhcp server ip-pool pool1

[Client-dhcp-pool-pool1]network 192.168.0.0 mask 255.255.255.0

[Client-dhcp-pool-pool1]gateway-list 192.168.0.254

配置私网网关地址：

[Client]interface GigabitEthernet 0/1

[Client-GigabitEthernet0/1]ip address 192.168.0.254

步骤 5：检查连通性。

从 PCA、PCB 分别 ping Internet（2.2.2.2），能够 ping 通。

步骤 6：检查 NAT 表项。

完成上一步骤后，立即在 RTA 上检查 NAT 表项：

[RTA]display nat session verbose

Slot 0:

Initiator:

Source　　　IP/port: 192.168.0.2/189

Destination　IP/port: 2.2.2.2/2048

DS-Lite tunnel　peer: -

VPN instance/VLAN ID/Inline ID: -/-/-

Protocol: ICMP(1)

Inbound interface: GigabitEthernet0/1

Responder:

Source　　　IP/port: 2.2.2.2/5

Destination　IP/port: 1.1.1.2/0

DS-Lite tunnel　peer: -

VPN instance/VLAN ID/Inline ID: -/-/-

Protocol: ICMP(1)

Inbound interface: Dialer1

State: ICMP_REPLY

Application: ICMP

Rule ID: -/-/-

Rule name:

Start time: 2022-06-06 15:57:53　TTL: 27s

Initiator->Responder:　　　　　0 packets　　0 bytes

Responder->Initiator:　　　　　0 packets　　0 bytes

Initiator:

Source　　　IP/port: 192.168.0.1/239

Destination　IP/port: 2.2.2.2/2048

DS-Lite tunnel　peer: -

VPN instance/VLAN ID/Inline ID: -/-/-

Protocol: ICMP(1)

Inbound interface: GigabitEthernet0/1

Responder:

Source   IP/port: 2.2.2.2/4

Destination   IP/port: 1.1.1.2/0

DS-Lite tunnel   peer: -

VPN instance/VLAN ID/Inline ID: -/-/-

Protocol: ICMP(1)

Inbound interface: Dialer1

State: ICMP_REPLY

Application: ICMP

Rule ID: -/-/-

Rule name:

Start time: 2022-06-06 15:57:46   TTL: 20s

Initiator->Responder: 0 packets   0 bytes

Responder->Initiator: 0 packets   0 bytes

Total sessions found: 2

13.4　实验中的命令列表

表 5-13-2　实验命令列表

命令	描述
interface virtual-template number	创建虚拟模板接口并进入指定的虚拟模板接口视图
ppp authentication-mode { chap | pap } [[call-in] domain *isp-name*]	用来设置本端 PPP 协议对对端设备的验证方式
pppoe-server bind virtual-template number	在接口上启用 PPPoE Server 协议，将该接口与指定的虚拟模板接口绑定
dialer-group *group-number* **rule** { *protocol-name* { **deny** | **permit** } | **acl** { acl-number | name acl-name } }	创建拨号访问组，并配置拨号控制规则
interface dialer *number*	创建 Dialer 接口，并进入该 Dialer 接口视图
ip address { *address mask* | ppp-negotiate }	配置接口 IP 地址
dialer bundle enable	使能共享 DDR
dialer-group *group-number*	配置该拨号接口关联的拨号访问组，将该接口与拨号控制规则关联起来
dialer timer idle [in | in-out]	配置链路空闲时间

第6部分　网络应用

◆ 预备知识和技能

1. DHCP 概述

动态主机配置协议（Dynamic Host Configuration Protocol，DHCP）是一种分配动态 IP 地址以及其他网络配置信息的技术。通过 DHCP 协议对 IP 地址集中管理和自动分配，能够简化网络配置以及减少 IP 地址冲突。

2. DHCP 工作原理

DHCP 客户端动态获取 IP 地址时，在不同阶段与 DHCP 服务器之间交互的信息不同，通常有三种情况：DHCP 客户端获取 IP 地址、DHCP 客户端重用曾经分配的 IP 地址、DHCP 客户端更新租约。

1）DHCP 客户端获取 IP 地址

DHCP 客户端动态获取 IP 地址的交互过程如图 6-0-1 所示。DHCP 客户端首次获取 IP 时，通过 4 个阶段与 DHCP 服务器建立联系。

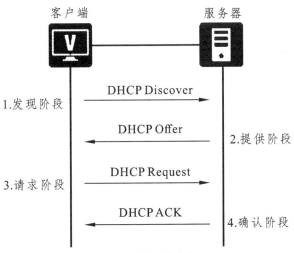

图 6-0-1　DHCP 客户端动态获取交互过程

（1）发现阶段：DHCP 客户端寻找 DHCP 服务器。在发现阶段，DHCP 客户端发出 DHCP Discover 报文（即发现报文）寻找 DHCP 服务器，由于 DHCP 服务器的 IP 地址对客户端来说是未知的，所以 DHCP 客户端以广播方式发送 DHCP Discover 报文。

（2）提供阶段：DHCP 服务器提供 IP 地址的阶段。接收到 DHCP Discover 报文的 DHCP 服务器从地址池选择一个合适的 IP 地址，连同 IP 地址租约期限、其他配置信息（如网关地址、域名服务器地址等）以及 DHCP 服务器自己的地址信息，通过 DHCP Offer 报文（提供报文）发送给 DHCP 客户端。

（3）请求阶段：DHCP 客户端选择 IP 地址的阶段。若有多台 DHCP 服务器向 DHCP 客户端回应 DHCP Offer 报文，则 DHCP 客户端只接收第一个收到的提供报文 DHCP Offer，然后以广播方式发送 DHCP Request 报文（请求报文），在 DHCP Request 报文中，包含了客户端所采用的 DHCP 服务器的地址信息。

（4）确认阶段：DHCP 服务器发送确认报文 DHCP ACK。DHCP 服务器发送确认报文 DHCP ACK，确认自己准备把某 IP 地址提供给 DHCP 客户端。

经过发现、提供、请求、确认 4 个阶段后，DHCP 客户端才真正获得了 DHCP 服务器提供的 IP 地址等信息。

2）DHCP 客户端重用曾经分配的 IP 地址

DHCP 客户端重用曾经分配的 IP 地址的交互过程如图 6-0-2 所示。

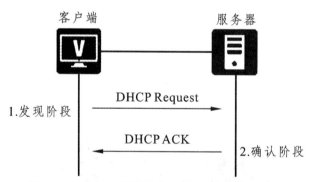

图 6-0-2　DHCP 重用曾分配的 IP 地址交互过程

DHCP 客户端重新登录网络时与 DHCP 服务器建立联系过程如下：

（1）重新登录网络是指客户端曾经分配到可用的 IP 地址，再次登录网络时，曾经分配的 IP 地址还在租期内，则 DHCP 客户端不再发送发现报文 DHCP Discover，而是直接发送请求报文 DHCP Request。

（2）DHCP 服务器收到 DHCP Request 报文后，如果客户端申请的地址没有被分配，则返回确认报文 DHCP ACK，通知 DHCP 客户端继续使用原来的 IP 地址；如果此 IP 地址无法再分配给该 DHCP 客户端使用，DHCP 服务器将返回否认报文 DHCP NAK。

（3）DHCP 客户端更新租用期。DHCP 服务器分配给 DHCP 客户端的 IP 地址是临时的，因此 DHCP 客户只能在一段有限的时间内使用这个分配到的 IP 地址。DHCP 协议称这段时间为租用期,DHCP 客户端向服务器申请地址时可以携带期望租用期。服务器在分配租约时把客户端的期望租用期和地址池中租用期配置比较，分配其中一个较短的租用期给客户端。

当 DHCP 客户端获得 IP 地址时会进入到绑定状态,客户端会设置 3 个定时器,分别用来控制租期更新、重绑定和判断是否已经到达租用期。DHCP 服务器为客户端分配 IP 地址时,可以为定时器指定确定的值。

3）DHCP 客户端更新租约

DHCP 客户端更新租约的情景和时效如下：

（1）租用期过了一半（$T1$ 时间到）,DHCP 客户端发送请求报文 DHCP Request 要求更新租用期：DHCP 服务器若同意，则返回确认报文 DHCP ACK, DHCP 客户端得到新的租用期，重新设置计时器；若不同意，则返回否认报文 DHCP NAK，DHCP 客户端重新发送 DHCP 发现报文 DHCP Discover 请求新的 IP 地址。

（2）租用期限达到 87.5%（$T2$）时，如果仍未收到 DHCP 服务器的应答，DHCP 客户端会自动向 DHCP 服务器发送更新租约的广播报文。如果收到确认报文 DHCP ACK，则租约更新成功；如果收到否认报文 DHCP NAK，则重新发起申请过程。

（3）DHCP 客户端主动释放 IP 地址，即 DHCP 客户端不再使用分配的 IP 地址时，会主动向 DHCP 服务器发送释放报文 DHCP Release，通知 DHCP 服务器释放 IP 地址租约。

3. DHCP 报文结构

DHCP 协议是基于 UDP（用户数据报协议）的应用，DHCP 报文结构如图 6-0-3 所示，DHCP 报文结构每项的含义如表 6-0-1 所示。

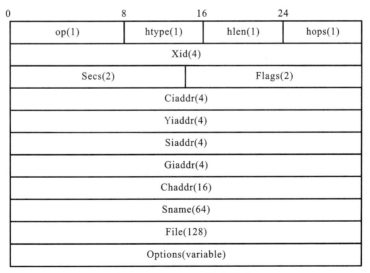

图 6-0-3　DHCP 报文结构

表 6-0-1　DHCP 报文结构的字段含义

序号	报文项	长度/字节	说明
1	op	1	报文的操作类型：1 为请求报文；2 为响应报文
2	htype	1	DHCP 客户端的硬件地址类型
3	hlen	1	DHCP 客户端的硬件地址长度。Ethernet 地址为 6
4	hops	1	DHCP 报文经过的 DHCP 中继的数目。初始为 0，报文每经过 1 个 DHCP 中继，该字段就会增加 1
5	xid	4	事务 ID 是个随机数，用于客户和服务器之间匹配请求和响应消息
6	secs	2	由客户端填充，自开始地址获取或更新进行后经过的时间
7	flags	2	DHCP 服务器响应报文是采用单播还是广播方式发送。只使用左边第 1 个比特位，0 表示采用单播方式，1 表示采用广播方式
8	ciaddr	4	DHCP 客户端的 IP 地址
9	yiaddr	4	DHCP 服务器分配给客户端的 IP 地址
10	siaddr	4	DHCP 客户端获取 IP 地址等信息的服务器 IP 地址
11	giadder	4	DHCP 客户端发出请求报文后经过的第一个 DHCP 中继的 IP 地址
12	chaddr	16	客户端 MAC 地址
13	sname	64	DHCP 客户端获取 IP 地址等信息的服务器名称
14	file	128	DHCP 服务器为 DHCP 客户端指定的启动配置文件名称及路径信息
15	options	variable	可选字段参数

4. IP 地址分配的优先级

DHCP 服务器按照以下优先级为客户端选择地址：

（1）DHCP 服务器的数据库中与客户端 MAC 地址静态绑定的 IP 地址。

（2）客户端曾经使用过的 IP 地址，即客户端发送的 DHCP Discover 报文中请求 IP 地址选项中的地址。

（3）在 DHCP 地址池中，顺序查找可供分配的 IP 地址，最先找到的 IP 地址。

（4）如果在 DHCP 地址池中未找到可供分配的 IP 地址，则依次查询超过租期、发生冲突的 IP 地址，找到则进行分配，否则报告错误。

5. DHCP Relay

由于 DHCP 客户端在获取 IP 地址时是通过广播方式发送报文的，因此 DHCP 协议是一个局域网协议。但是网络管理者并不愿意在每一个网络内都部署一台 DHCP 服务器，因为这样会使 DHCP 服务器的数量太多，采用 DHCP Relay 可以解决这一问题。

DHCP Relay 即 DHCP 中继，为了使全网都能获得同一台 DHCP 服务器提供的服务，需要在每个子网络内配置 1 个 DHCP 中继（通常配置在路由交换机或路由器上）。DHCP 中继上配置有 DHCP 服务器的 IP 地址信息，从而实现不同网段内部的主机与同一台 DHCP 服务器的报文交互。

DHCP Relay 中继工作过程为：DHCP 客户端发出请求报文（以广播报文形式），DHCP 中继收到该报文并适当处理后，以单播形式发送给指定的位于其他网段上的 DHCP 服务器。服务器根据请求报文中提供的信息，以单播的形式将返回的报文发给 DHCP 中继，然后再通过DHCP 中继将配置信息返回给客户端，完成对客户端的动态配置。

采用 DHCP 中继后的 DHCP 服务过程如图 6-0-4 所示。

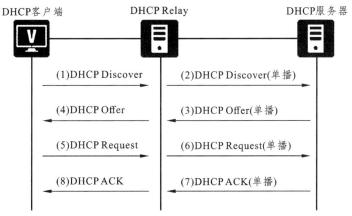

图 6-0-4　采用 DHCP 中继后的 DHCP 服务过程

1）DHCP 中继接收到 DHCP Discover 报文或 DHCP Request 报文的处理方法

（1）为防止 DHCP 报文形成环路，丢弃报文中 hops 字段的值大于限定跳数的 DHCP 请求报文；否则，将 hops 字段增加 1，表明又经过一次 DHCP 中继。

（2）检查 Relay Agent IP Address 字段。

（3）将请求报文的 TTL（生存时间）设置为 DHCP 中继的 TTL 缺省值，而不是原来请求报文的 TTL 减 1。

（4）DHCP 请求报文的目的地址修改为 DHCP 服务器或下一个 DHCP 中继的 IP 地址。

2）DHCP 中继接收到 DHCP 提供报文或 DHCP 确认报文后的处理

（1）DHCP 中继假设所有的应答报文都是发给直连 DHCP 客户端。Relay Agent IP Address字段用来识别与客户端连接的接口。如果 Relay Agent IP Address 字段不是本地接口的地址，DHCP 中继将丢弃应答报文。

（2）DHCP 中继检查报文的广播标志位。如果广播标志位为 1，则将 DHCP 应答报文广播发送给 DHCP 客户端；否则将 DHCP 应答报文单播发送给 DHCP 客户端，其目的地址为Your（Client）IP Address 字段内容，链路层地址为 Client Hardware Address 字段内容。

实验 14　配置 DHCP

14.1　实验内容与目标

完成本实验，学员应该能够：

（1）了解 DHCP 协议工作原理。

（2）掌握设备作为 DHCP 服务器的常用配置命令。

（3）掌握设备作为 DHCP 中继的常用配置命令。

DHCP 实验

14.2　实验组网图

实验组网如图 6-14-1 所示。

图 6-14-1　DHCP 实验组网图

14.3　实验过程

实验任务 1　PCA 直接通过 RTA 获得 IP 地址

本实验通过配置 DHCP 客户机从处于同一子网中的 DHCP 服务器获得 IP 地址、网关等信息，使学员能够掌握路由器上 DHCP 服务器的配置。

步骤 1：建立物理连接。

按照图 6-14-1 所示组网进行连接，并检查设备的软件版本及配置信息，确保各设备软件版本符合要求，所有配置为初始状态。如果配置不符合要求，请在用户模式下擦除设备中的配置文件，然后重启设备以使系统采用缺省的配置参数进行初始化。

以上步骤可能会用到以下命令：

<H3C> display version

<H3C> reset saved-configuration

<H3C> reboot

步骤 2：在路由器接口配置 IP 地址。

按表 6-14-1 所示在路由器接口上配置 IP 地址。

表 6-14-1　IP 地址列表

设备名称	接口	IP 地址	网关
RTA	G0/0	172.16.0.1/24	——

配置 RTA：

[RTA-GigabitEthernet0/0]ip address 172.16.0.1 24

步骤 3：配置 RTA 作为 DHCP 服务器。

配置 RTA：

[RTA]dhcp enable

[RTA]dhcp server forbidden-ip 172.16.0.1

[RTA]dhcp server ip-pool pool1

[RTA-dhcp-pool-pool1]network 172.16.0.0 mask 255.255.255.0

[RTA-dhcp-pool-pool1]gateway-list 172.16.0.1

配置完成后，可以用以下命令来查看 RTA 上 DHCP 地址池相关配置：

[RTA]display dhcp server pool

Pool name: pool1

Network: 172.16.0.0 mask 255.255.255.0

expired day 1 hour 0 minute 0 second 0

gateway-list 172.16.0.1

步骤 4：PCA 通过 DHCP 服务器获得 IP 地址。

将虚拟 PC 启动后，右键单击"配置"，按照图 6-14-2 所示进行配置。

图 6-14-2　PC 配置

步骤 5：查看 DHCP 服务器相关信息。

在 RTA 上用命令 display dhcp server statistics 查看 DHCP 服务器的统计信息：

[RTA]display dhcp server statistics

Pool number: 1
Pool utilization: 0.79%
Bindings:
Automatic: 2
Manual: 0
Expired: 0
Conflict: 0
Messages received: 20
DHCPDISCOVER: 7
DHCPREQUEST: 8
DHCPDECLINE: 0
DHCPRELEASE: 5
DHCPINFORM: 0

BOOTPREQUEST: 0
Messages sent: 15
DHCPOFFER: 7
DHCPACK: 8
DHCPNAK: 0
BOOTPREPLY: 0
Bad Messages: 0

从以上输出可以得知，目前路由器上有一个地址池，有一个 IP 被自动分配给了客户端。

在 RTA 上用 display dhcp server ip-in-use 来查看 DHCP 服务器已分配的 IP 地址：

[RTA]display dhcp server ip-in-use

IP address   Client identifier/   Lease expiration   Type
Hardware address
172.16.0.2   010a-0027-0000-0c   Oct 31 13:26:26 2022   Auto(C)

以上信息表明 172.16.0.2 被服务器分配给了 PCA。

用 display dhcp server free-ip 来查看 DHCP 服务器可供分配的 IP 地址资源：

[RTA]display dhcp server free-ip

Pool name: pool1

Network: 172.16.0.0 mask 255.255.255.0

IP ranges from 172.16.0.3 to 172.16.0.255

由上可知，IP 地址 172.16.0.2、172.16.0.1、172.16.0.0 不是可分配的 IP 地址资源，因为

172.16.0.1 被禁止分配，172.16.0.2 已被分配给了 PCA，172.16.0.0 是网络地址。

实验任务 2　PCA 通过 DHCP 中继方式获得 IP 地址

本实验通过配置 DHCP 客户机从处于不同子网的 DHCP 服务器获得 IP 地址、网关等信息，使学员能够掌握 DHCP 中继的配置。

步骤 1：建立物理连接。

按照图 5-1-1 所示进行连接，并检查设备的软件版本及配置信息，确保设备软件版本符合要求，所有配置为初始状态。如果配置不符合要求，请读者在用户模式下擦除设备中的配置文件，然后重启设备以使系统采用缺省的配置参数进行初始化。

以上步骤可能会用到以下命令：

\<H3C\> display version

\<H3C\> reset saved-configuration

\<H3C\> reboot

步骤 2：在设备上配置 IP 地址及路由。

按表 6-14-2 所示在交换机及路由器上配置 IP 地址。

表 6-14-2　设备 IP 地址列表

设备名称	物理接口	IP 地址	VLAN 虚接口
SWA	G1/0/1	172.16.1.1/24	Vlan-interface 1
	G1/0/2	172.16.0.1/24	Vlan-interface 2
RTA	G0/0	172.16.0.2/24	—

在 SWA 上配置 VLAN 虚接口及 IP：

[SWA]vlan 2

[SWA-vlan2]port GigabitEthernet 1/0/2

[SWA]interface Vlan-interface 1

[SWA-Vlan-interface1]ip address 172.16.1.1 24

[SWA]interface Vlan-interface 2

[SWA-Vlan-interface2]ip address 172.16.0.1 24

在 RTA 上配置接口 IP 及静态路由：

[RTA-GigabitEthernet0/0]ip address 172.16.0.2 24

[RTA]ip route-static 172.16.1.0 24 172.16.0.1

步骤 3：在 RTA 上配置 DHCP 服务器及在 SWA 上配置 DHCP 中继。

配置 RTA：

[RTA]dhcp enable

[RTA]dhcp server forbidden-ip 172.16.1.1

[RTA]dhcp server ip-pool pool1

[RTA-dhcp-pool-pool1]network 172.16.1.0 mask 255.255.255.0

[RTA-dhcp-pool-pool1]gateway-list 172.16.1.1

配置 SWA：

[SWA]dhcp enable

[SWA]interface Vlan-interface 1

[SWA-Vlan-interface1]dhcp select relay

[SWA-Vlan-interface1]dhcp relay server-address 172.16.0.2

步骤 4：PCA 通过 DHCP 中继获取 IP 地址。

断开 PCA 与 SWA 之间的连接电缆再接上，以使 PCA 重新发起 DHCP 请求。

完成重新获取地址后，在 PCA 的"命令提示符"窗口下，键入命令 ipconfig 来验证 PCA 能否获得 IP 地址和网关等信息。正确的结果应该如下所示：

C:\Users\h26369>ipconfig

Windows IP 配置

以太网适配器 以太网 3:

连接特定的 DNS 后缀 ....:

本地链接 IPv6 地址 ....: fe80::f9a4:fd79:afb3:4b7b%12

IPv4 地址 ....: 172.16.1.2

子网掩码 ....: 255.255.255.0

默认网关 ....: 172.16.1.1

如果无法获得 IP，请检查线缆连接是否正确，然后在"命令提示符"窗口下用 ipconfig /renew 命令来使 PCA 重新发起 DHCP 请求。

步骤 5：查看 DHCP 中继相关信息。

在 SWA 上查看 DHCP 服务器地址信息：

<SWA>display dhcp relay server-address

Interface name   Server IP address

Vlan-interface1   172.16.0.2

再查看 DHCP 中继的相关报文统计信息：

<SWA>display dhcp relay statistics

DHCP packets dropped: 0

DHCP packets received from clients: 5

DHCPDISCOVER: 1

DHCPREQUEST: 4

DHCPINFORM:	0
DHCPRELEASE:	0
DHCPDECLINE:	0
BOOTPREQUEST:	0
DHCP packets received from servers:	2
DHCPOFFER:	1
DHCPACK:	1
DHCPNAK:	0
BOOTPREPLY:	0
DHCP packets relayed to servers:	5
DHCPDISCOVER:	1
DHCPREQUEST:	4
DHCPINFORM:	0
DHCPRELEASE:	0
DHCPDECLINE:	0
BOOTPREQUEST:	0
DHCP packets relayed to clients:	2
DHCPOFFER:	1
DHCPACK:	1
DHCPNAK:	0
BOOTPREPLY:	0
DHCP packets sent to servers:	0
DHCPDISCOVER:	0
DHCPREQUEST:	0
DHCPINFORM:	0
DHCPRELEASE:	0
DHCPDECLINE:	0
BOOTPREQUEST:	0
DHCP packets sent to clients:	0
DHCPOFFER:	0
DHCPACK:	0
DHCPNAK:	0
BOOTPREPLY:	0

自行在 RTA 上用命令查看 DHCP 服务器的相关信息。具体命令及输出请参考前面的实验任务 1 中相关内容。

14.4　实验中的命令列表

表 6-14-3　命令列表

命令	描述
dhcp enable	使能 DHCP 服务
network network-address [mask-length | **mask** mask]	配置动态分配的 IP 地址范围
gateway-list *ip-address*	配置为 DHCP 客户端分配的网关地址
dhcp server forbidden-ip low-ip-address [high-ip-address]	配置 DHCP 地址池中不参与自动分配的 IP 地址
dhcp server ip-pool *pool-name*	创建 DHCP 地址池并进入 DHCP 地址池视图
dhcp relay server-group *group-id*ip *ip-address*	配置 DHCP 服务器组及组中 DHCP 服务器的 IP 地址
dhcp select relay	配置接口工作在 DHCP 中继模式
dhcp relay server-address ip-address	配置在 DHCP 中继上指定 DHCP 服务器的地址
display dhcp server free-ip	显示 DHCP 地址池的可用地址信息
display dhcp server forbidden-ip	显示 DHCP 地址池中不参与自动分配的 IP 地址
display dhcp server statistics	显示 DHCP 服务器的统计信息
display dhcp relay server-address [**interface** interface-type interface-number]	显示工作在 DHCP 中继模式的接口上指定的 DHCP 服务器地址信息
display dhcp relay statistics [**interface** interface-type interface-number]	显示 DHCP 中继的相关报文统计信息

第 7 部分　职业能力综合实训

实验 15　企业网络搭建

15.1　实验内容与目标

本实验通过模拟一个真实的网络工程，使学员加强对网络技术的理解，提高对网络技术的实际应用能力，建立对网络工程的初步认识。

完成本综合实训，学员应该能够：

（1）了解中小型路由交换网络建设流程。

（2）掌握中小型路由交换的各种技术，为学习虚拟化网络技术打基础。

（3）独立部署中小型路由交换网络。

15.2　项目背景

××公司是一个高新技术企业，以研发、销售汽车零部件为主，其生产环节采用 OEM（Original Equipment Manufacture，定牌生产合作，俗称"代工"）方式。公司总部设在北京，在深圳设有一个办事处，在上海设有研究所。总部负责公司运营管理，深圳办事处主要负责珠三角、港澳地区的产品销售及渠道拓展，上海研究所负责公司产品市场调研、产品研发等工作。

该公司在 2003 年的时候组建了网络，如图 7-15-1 所示。北京总部、深圳办事处、上海研究所都各自组建了办公网络，都采用 ADSL（非对称数字用户线）方式直接将内部网络同 Internet 连接起来，再通过 Internet 将总部和异地办事处连接起来；各 PC 机及内部的服务器用百兆交换机连接。

在网络建设初期，网络的速度还可以满足需要。随着公司的发展，人员越来越多，网络速度越来越低。除此以外，还有下列一些问题：

1. 网络故障不断，时常出现网络瘫痪现象

这一点在深圳办事处表现得最为突出，一到夏季雷雨季节，往往下一次雨，ADSL 路由器就会被雷电击坏一次。一旦故障，短则几小时、长则几天都无法正常办公。

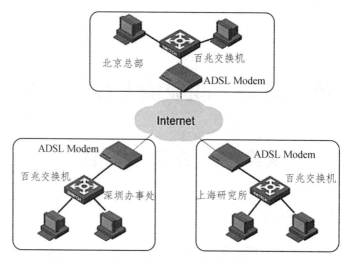

图 7-15-1　公司总部、办事处及研究所组网图

2．病毒泛滥，攻击不断

特别是从 2006 年 ARP（地址解析协议）病毒爆发以来，总部及分支机构的网络故障就没有消停过。各种木马病毒也层出不穷，一些账号密码常被盗取，使研发的服务器基本不敢连接内网。

3．总部与办事处发送信息不安全

总部同分支机构之间发送的信息不够安全，时常出现机密信息被窃取的现象。为此，总部和分支机构之间的机密信息全部使用 EMS 方式快递，不但费用高，而且速度也慢。

4．一些员工使用 P2P 工具，不能监管

自从有了 P2P（对等网络）应用以后，采用 P2P 应用的多媒体资源越来越多，内部员工使用 BT（比特流）、迅雷等工具下载文件的事情时有发生，一旦有人下载，原本就速度缓慢的网络变得更慢，基本无法使用。

5．公司的一些服务器只能托管，不能放在公司内部

公司有自己的 OA（办公自动化）及 WWW（万维网）服务器，但因为内网存在安全隐患，且无固定 IP 地址，这些服务器只能托管在运营商的 IDC 机房而不能放在公司内部，给管理和维护带来极大不便。

以上是××公司网络目前出现的一些问题。对于这些问题，公司的领导层也特别重视。为了提高工作效率，降低公司运营成本，公司领导层决定对目前公司的网络进行升级改造。

15.3　网络规划设计

1．网络建设目标

××公司决定对当前的总部及办事处的办公网络进行升级改造，彻底解决当前网络存在的种种问题，提高公司的办公效率，降低公司的运营成本。为此，公司召开了各部门负责人会议，讨论网络的建设目标及其他一些细节。经过深入的讨论，得出了以下的建设目标：

1）网络带宽升级，达到万兆骨干，千兆到桌面

目前，内部网络采用百兆交换机互联，带宽较小，升级之后变为千兆独享到桌面，总部网络骨干升级为万兆。

2）增强网络的可靠性及可用性

升级之后的整个网络要具备高可用性。网络不会因为单点故障而导致全网瘫痪；设备、拓扑等要有可靠性保障，不会因雷击而出现故障。

3）网络要易于管理、升级和扩展

升级之后的网络要易于管理，要提供图形化的管理界面和故障自动告警措施。另外，考虑到公司以后的发展，网络要易于升级和扩展，要满足 3~5 年内因人员增加、机构增加而扩展网络的需求。

4）确保内网以及同办事处之间交互数据的安全

升级之后的网络要确保总部和分支机构的内网安全，能够彻底解决 ARP 欺骗问题，防止外部对内网的攻击，同时要保证总部和办事处之间传递数据的安全性和可靠性。另外，要能监控和过滤员工发往外部的邮件及员工访问的网站等。

5）服务器管理及访问权限控制，并能监管网络中的 P2P 应用

网络升级之后，要将托管在运营商 IDC（互联网数据中心）机房的 OA 及 WWW 服务器搬回公司，自行管理和维护；深圳办事处及上海研究所只能访问总部，深圳办事处和上海研究所之间不能互相访问；应能监控网络中的 P2P 应用，应能对 P2P 应用进行限制，防止网络带宽资源的占用。

2．网络规划

1）拓扑规划

根据现有网络拓扑结构,结合建设目标及实际需求,新规划的拓扑结构如图 7-15-2 所示。

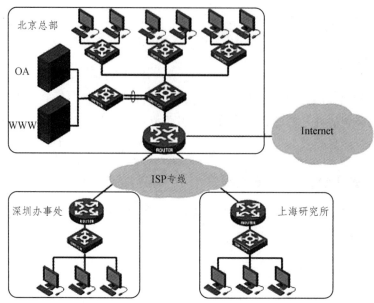

图 7-15-2   公司新网络拓扑图

在此拓扑结构中，总部的一台核心交换连接 3 台接入层交换机和 1 台服务器区交换机，构成了总部内部 LAN（局域网）；总部 1 台路由器通过租用 ISP（互联网服务提供商）专线将深圳办事处、上海研究所连接起来；总部的出口通过互联路由器连接到 Internet；在办事处的路由器下挂 1 台 48 口的交换机构成办事处的内部网络。

2）设备选型

根据网络建设目标，结合前述的拓扑结构以及 H3C 目前的设备型号，总部、深圳办事处及上海研究所具体设备明细如表 7-15-1 所示（以下设备型号及配置仅供参考，满足要求即可）。

表 7-15-1   总部及分支机构设备明细表

办事处	设备型号	描述	数量
北京总部	H3C MSR3620-X1	6 SFP+端口	1
	S6520XE-54QC-HI	48 SFP+端口/2 QSFP+端口	1
	S5560X-30F-HI	18GE SFP 端口/4 SFP+端口/2QSFP+端口	1
	S5130-54C-HI	48GE Base-T 端口/4 SFP+端口	3
深圳办事处	H3C MSR3620-X1	6 SFP+端口	1
	S5130-54C-HI	48GE Base-T 端口/4 SFP+端口	1
上海研究所	H3C MSR3620-X1	6 SFP+端口	1
	S5130-54C-HI	48GE Base-T 端口/4 SFP+端口	1

设备命名及端口描述：

为了方便统一管理，需要对所有设备进行统一命名。本次项目设备命名采用如下格式：

AA-BB-CC

其中，AA 表示设备所处的地点，如北京简写为 BJ，上海简写为 SH；BB 表示设备的型号，如 MSR 36-20 表示为 MSR3620，S5560X-30F-HI 表示为 S5560X；CC 表示同型号设备的数量，如第 1 台设备表示为 0，第 2 台设备表示为 1。

根据上述规则，总部的第 1 台路由器命名为 BJ-MSR3620-0，其余依次类推。所有设备的命名明细如表 7-15-2 所示。

表 7-15-2　设备命名明细表

办事处	设备型号	设备名称
北京总部	H3C MSR3620-X1	BJ-MSR3620-0
	S6520XE-54QC-HI	BJ-S6520XE-0
	S5560X-30F-HI	BJ-S5560X-0
	S5130-54C-HI	BJ-S5130-0
	S5130-54C-HI	BJ-S5130-1
	S5130-54C-HI	BJ-S5130-2
深圳办事处	H3C MSR3620-X1	SZ-MSR3620-0
	S5130-54C-HI	SZ-S5130-0
上海研究所	H3C MSR3620-X1	SH-MSR3620-0
	S5130-54C-HI	SH-S5130-0

为了方便在配置文件中能清晰地看明白设备的实际连接关系，需要对设备的连接端口添加描述。本次项目的端口描述格式如下：

Link-To-AAA-BBB

其中，AAA 表示为对端设备的名称，采用统一名称格式表示；BBB 表示为对端设备的端口，如 E1/0/1 口。

例如，总部的接入交换机连接到核心交换机的 G1/0/1 口，则端口描述如下：Link-To-BJ-S6520XE-0-G1/0/1。

3）WAN 规划

根据前面的需求分析，在总部及分支机构之间使用专线连接，可以选择 ISP 提供的基于 IP 网络的 VPN（虚拟专用网络）专线。

注意：因 VPN 技术知识尚未涉及，本实验中暂不配置，直接用以太网口或者串口将出口路由器直接相连，配置内网 IP 地址直接互联，不配置公网 IP 地址。总部及分支机构互联如图 7-15-3 所示。

图 7-15-3　总部及分支机构互联

4）LAN 规划

局域网规划包含 VLAN 规划、端口聚合规划以及端口隔离、地址捆绑规划几个部分。

深圳办事处及上海研究所因员工数量较少,不会出现广播风暴现象,所以不划分 VLAN。北京总部员工数量多,而且部门之间需要访问控制,所以要进行 VLAN 划分。

人事行政部、财务商务部人数相对较少,而且业务比较密切,划分在 1 个 VLAN 内即可。产品研发部和技术支持部在业务上相对独立,而且产品研发部还有访问控制要求,故将两个部门各自划分 1 个 VLAN。为了便于服务器区的管理,也将服务器区划分为 1 个 VLAN。部门、VLAN 号、交换机端口之间的关系如表 7-15-3 所示。

表 7-15-3　VLAN 规划明细表

部门	VLAN 号	所在设备	端口明细
人事行政部	VLAN 10	BJ-S5130-0	GE1/0/1~GE1/0/10
财务商务部	VLAN 10	BJ-S5130-0	GE1/0/11~GE1/0/30
产品研发部	VLAN 20	BJ-S5130-0，BJ-S5130-1	GE1/0/31~GE1/0/48，GE1/0/1~GE1/0/20
技术支持部	VLAN 30	BJ-S5130-1 BJ-S5130-2	GE1/0/21~GE1/0/48，GE1/0/1~GE1/0/48
服务器区	VLAN 40	BJ-S5560X-0	G1/0/1~G1/0/18
互联 VLAN	VLAN 50	BJ-MSR3620-0 与 BJ-S6520XE-0 之间互联	
管理 VLAN	VLAN 1	交换机的管理 VLAN，用于 Telnet 及 SNMP	

为了便于 IP 地址分配和管理,采用 DHCP 地址分配方式。使用核心交换机 S6520XE 作为 DHCP 服务器。

5）IP 地址规划

在××公司的原有网络中,每个地方使用的都是 192.168.0.0/24 网段,在新的网络中需要对 IP 地址重新进行规划。

在新的网络中需要如下三类 IP 地址 ——业务地址、设备互联地址和设备管理地址。根据因特网的相关规定,决定使用 C 类私有地址,在总部和分支机构使用多个 C 类地址段。其中,总部每个 VLAN 使用一个 C 网段,深圳办事处使用 192.168.5.0/24,上海研究所使用 192.168.6.0/24 网段。设备的互联地址及管理地址用 192.168.0.0/24 网段。

具体规划如下：

业务地址：根据实际需要并结合未来的需求数量，规划业务地址如表 7-15-4 所示。

互联地址：互联地址主要用于设备的互联，在 XX 公司网络中设备的互联地址主要有总部核心交换机与路由器互联、总部路由器与分支路由器互联等，共需要 3 对互联地址，如表 7-15-5 所示。

管理地址：用于设备的管理，各设备管理地址如表 7-15-6 所示。

表 7-15-4　业务地址分配表

地点	VLAN 号	网络号	IP 地址范围	网关地址
北京总部	VLAN 10	192.168.1.0/24	192.168.1.1~192.168.1.254	192.168.1.254
	VLAN 20	192.168.2.0/24	192.168.2.1~192.168.2.254	192.168.2.254
	VLAN 30	192.168.3.0/24	192.168.3.1~192.168.3.254	192.168.3.254
	VLAN 40	192.168.4.0/24	192.168.4.1~192.168.4.254	192.168.4.254
深圳办事处	—	192.168.5.0/24	192.168.5.1~192.168.5.254	192.168.5.254
上海研究所	—	192.168.6.0/24	192.168.6.1~192.168.6.254	192.168.6.254

表 7-15-5　设备的互联地址

本端设备	本端 IP 地址	对端设备	对端 IP 地址
BJ-S6520XE-0	192.168.0.1/30	BJ-MSR3620-0	192.168.0.2/30
BJ-MSR3620-0	192.168.0.5/30	SZ-MSR3620-0	192.168.0.6/30
BJ-MSR3620-0	192.168.0.9/30	SH-MSR3620-0	192.168.0.10/30

表 7-15-6　设备的管理地址

办事处	设备名称	管理 VLAN/Loopback	管理地址
北京总部	BJ-MSR3620-0	Loopback 0	192.168.0.17/32
	BJ-S6520XE-0	VLAN 1	192.168.0.25/29
	BJ-S5560X-0	VLAN1	192.168.0.26/29
	BJ-S5130-0	VLAN 1	192.168.0.27/29
	BJ-S5130-1	VLAN 1	192.168.0.28/29
	BJ-S5130-2	VLAN 1	192.168.0.29/29
深圳办事处	SZ-MSR3620-0	Loopback 0	192.168.0.18/32
	SZ-S5130-0	VLAN 1	192.168.5.250/24
上海研究所	SH-MSR3620-0	Loopback 0	192.168.0.19/32
	SH-S5130-0	VLAN 1	192.168.6.250/24

6）路由规划

××公司的网络架构比较简单，目前只有一个总部和两个异地分支机构。如果只考虑现状，在这样的网络里，只需要部署静态路由就可使全网互通。但××公司的网络并不会止于现状，随着业务的发展，公司的规模也会逐渐壮大，发展出更多的办事处。如果使用静态路由，当公司扩大到一定规模的时候，就必须要将静态路由更改为动态路由，需要对网络重新进行规划，不利于扩展；而如果现在采用动态路由协议，在网络规模扩展时就不会出现这种现象。所以建议使用动态路由协议。

在动态路由协议里，用得最多的莫过于 OSPF 协议，所以在××公司的网络里就使用 OSPF。考虑到以后网络的扩展，对 OSPF 做如下规划，如图 7-15-4 所示。

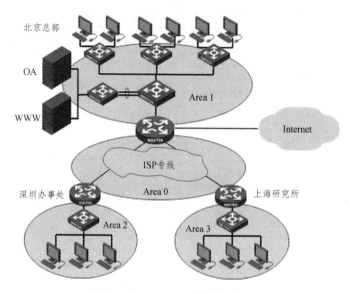

图 7-15-4　OSPF 规划示意图

将总部路由器的下行接口和分支路由器的上行接口规划为 Area 0，总部的局域网规划为 Area 1，深圳办事处规划为 Area 2，上海研究所规划为 Area 3；如果再增加分支机构的话，则可规划为 Area 4、Area 5…Area N；如果分支机构本身的规模增加，不用更改区域。

在网络的出口配置默认路由，以便访问外网，该路由下一跳为运营商路由器的接口地址。

7）安全规划

安全规划主要包含有访问控制、攻击防范和 P2P 监控 3 块内容。访问控制可以在路由器上通过 ACL 来实现。攻击防范可以通过在出口路由器上启动攻击防范功能来实现，这样就可以有效地阻止外部对内网的各种攻击。P2P 监控可以通过启用路由器上的 ASPF 功能来实现，发现问题可以及时阻止。

通过在出口路由器上部署 NAT，可以允许总部及分支机构访问 Internet。通过部署 NAT Server，可以允许总部的服务器对外提供服务。

15.4 网络配置实施

实验任务 1 内网部署

步骤 1：总部内网部署。

总部网络的拓扑结构及端口连接如图 7-15-5 所示。在内部部署中主要涉及设备的命名、端口连接描述、核心交换机与服务器区交换机的链路聚合、VLAN 配置、VLAN 路由以及交换机管理地址的配置等。

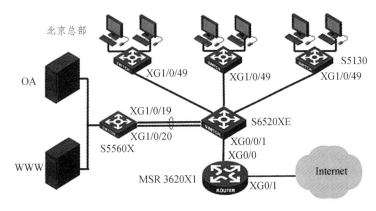

图 7-15-5 总部拓扑结构

（1）按照前期的命名规划及端口描述个给每台设备命名并添加端口描述，以 MSR3620 为例为设备命名及添加端口描述：

#进入互联端口，按照设计要求添加端口描述

[H3C] sysname BJ-MSR3620-0

[BJ-MSR3620-0] interface Ten-GigabitEthernet 0/0

[BJ-MSR3620-0-Ten-GigabitEthernet0/0] description Link-To-BJ-S6520XE-0-XG0/0/1

（2）配置核心交换机与服务器区交换机的端口聚合，参与聚合的端口为 XG1/0/1 与 XG1/0/2，使用基于手工方式的链路聚合。核心交换机 BJ-S6520XE-0 配置如下：

#创建手工聚合组 1，将 XG1/0/1 和 XG1/0/2 加入聚合组 1

[BJ-S6520XE-0] interface Bridge-Aggregation 1

[BJ-S6520XE-0] interface Ten-GigabitEthernet 1/0/1

[BJ-S6520XE-0-Ten-GigabitEthernet1/0/1] port link-aggregation group 1

[BJ-S6520XE-0-Ten-GigabitEthernet1/0/1] interface Ten-GigabitEthernet 1/0/2

[BJ-S6520XE-0-Ten-GigabitEthernet1/0/2] port link-aggregation group 1

服务器区交换机 BJ-S5560X-0 配置：

#创建手工聚合组 1，将 XG1/0/19 和 XG1/0/20 加入聚合组 1

[BJ-S5560X-0] interface Bridge-Aggregation 1

[BJ-S5560X-0] interface Ten-GigabitEthernet 1/0/19

[BJ-S5560X-0-Ten-GigabitEthernet1/0/19] port link-aggregation group 1

[BJ-S5560X-0-Ten-GigabitEthernet1/0/19] interface Ten-GigabitEthernet 1/0/20

[BJ-S5560X-0-Ten-GigabitEthernet1/0/20] port link-aggregation group 1

为了验证聚合是否成功，我们可以在交换机上执行命令来查看，结果如下：

<BJ-S5560X-0>display link-aggregation summary

Aggregation Interface Type:

BAGG -- Bridge-Aggregation, BLAGG -- Blade-Aggregation, RAGG -- Route-

Aggregation, SCH-B -- Schannel-Bundle

Aggregation Mode: S -- Static, D -- Dynamic

Loadsharing Type: Shar -- Loadsharing, NonS -- Non-Loadsharing

Actor System ID: 0x8000, 9a69-3286-0600

AGG Interface	AGG Mode	Partner ID	Selected Ports	Unselected Ports	Individual Ports	Share Type
BAGG1	S	None	2	0	0	Shar

（3）根据前期的 VLAN 及端口分配规划，在各接入交换机上配置 VLAN，并将上行接口配置为 Trunk 链路，允许相关 VLAN 通过。以 BJ-S5130-0 为例，其他接入交换机可参考以下配置：

#创建 VLAN 10 和 20,将 G1/0/1 到 G1/0/30 端口分配给 VLAN 10,将 G1/0/31 到 G1/0/48 端口分配给 VLAN 20

[BJ-S5130-0] vlan 10

[BJ-S5130-0-vlan10] port GigabitEthernet 1/0/1 to GigabitEthernet 1/0/30

[BJ-S5130-0-vlan10] vlan 20

[BJ-S5130-0-vlan20]port GigabitEthernet 1/0/31 to GigabitEthernet 1/0/48

#通常为了减少 STP 流量的泛洪以及拓扑变化导致收敛频繁，会把直连终端的交换机端口设置为边缘端口，便于提高网络质量

[BJ-S5130-0] interface range GigabitEthernet 1/0/1 to GigabitEthernet 1/0/48

[BJ-S5130-0-if-range] stp edged-port

#设置上行端口类型 G1/0/49 为 Trunk，允许 VLAN 10、VLAN 20 通过

[BJ-S5130-0] interface Ten-GigabitEthernet 1/0/49

[BJ-S5130-0-Ten-GigabitEthernet1/0/49] port link-type trunk

[BJ-S5130-0-GigabitEthernet1/1/1] port trunk permit VLAN 10 20

（4）为了让 VLAN 之间能够通信，在核心交换机 BJ-S6520XE-0 上为每个 VLAN 配置 IP 地址，启动 VLAN 间路由功能，具体 IP 地址见前期规划。

#进入 VLAN 10 的三层虚接口，为 VLAN 10 三层接口配置 IP 地址

[BJ-S6520XE-0] vlan 10

[BJ-S6520XE-0-vlan10] interface vlan 10

[BJ-S6520XE-0-Vlan-interface10] ip address 192.168.1.254 24

#进入 VLAN 20 的三层虚接口，为 VLAN 20 三层接口配置 IP 地址

[BJ-S6520XE-0-Vlan-interface10] vlan 20

[BJ-S6520XE-0-vlan20] interface vlan 20

[BJ-S6520XE-0-Vlan-interface20] ip address 192.168.2.254 24

#进入 VLAN 30 的三层虚接口，为 VLAN 30 三层接口配置 IP 地址

[BJ-S6520XE-0-Vlan-interface20] vlan 30

[BJ-S6520XE-0-Vlan-interface30] interface vlan 30

[BJ-S6520XE-0-Vlan-interface30] ip address 192.168.3.254 24

#进入 VLAN 40 的三层虚接口，为 VLAN 40 三层接口配置 IP 地址

[BJ-S6520XE-0-Vlan-interface30] vlan 40

[BJ-S6520XE-0-Vlan-interface40] interface vlan 40

[BJ-S6520XE-0-Vlan-interface40] ip address 192.168.4.254 24

#配置核心交换机与接入交换机连接的下行端口 XG1/0/3，XG1/0/5，XG1/0/7 以及端口聚合组 1 类型为 Trunk，VLAN 按照规划好的进行配置

[BJ-S6520XE-0] interface Ten-GigabitEthernet 1/0/3

[BJ-S6520XE-0-Ten-GigabitEthernet1/0/3] port link-type trunk

[BJ-S6520XE-0-Ten-GigabitEthernet1/0/3] port trunk permit vlan 10 20

[BJ-S6520XE-0] interface Ten-GigabitEthernet 1/0/5

[BJ-S6520XE-0-Ten-GigabitEthernet1/0/5] port link-type trunk

[BJ-S6520XE-0-Ten-GigabitEthernet1/0/5] port trunk permit vlan 20 30

[BJ-S6520XE-0] interface Ten-GigabitEthernet 1/0/7

[BJ-S6520XE-0-Ten-GigabitEthernet1/0/7] port link-type trunk

[BJ-S6520XE-0-Ten-GigabitEthernet1/0/7] port trunk permit vlan 30

[BJ-S6520XE-0] interface Bridge-Aggregation 1

[BJ-S6520XE-0-Bridge-Aggregation1] port link-type trunk

[BJ-S6520XE-0-Bridge-Aggregation1] port trunk permit vlan 40

以上配置完成之后，可以通过 ping 命令验证前期的配置是否正确，验证的方法是将 PC 机接入任意一个 VLAN，将 PC 机的 IP 地址修改为所在 VLAN 的 IP 地址即可。

（5）根据前期的规划，要在核心交换机上配置 DHCP 协议，为各 PC 机分配 IP 地址，配置命令如下。

#开启 DHCP 功能

[BJ-S6520XE-0] dhcp enable

#创建 VLAN 10 对应的 DHCP 地址池，指定网关地址及 DNS 服务器地址

[BJ-S6520XE-0] dhcp server ip-pool vlan10

[BJ-S6520XE-0-dhcp-pool-vlan10] network 192.168.1.0 24

[BJ-S6520XE-0-dhcp-pool-vlan10] gateway-list 192.168.1.254

[BJ-S6520XE-0-dhcp-pool-vlan10] dns-list 202.102.99.68

[BJ-S6520XE-0-dhcp-pool-vlan10] quit

#创建 VLAN 20 对应的 DHCP 地址池，指定网关地址及 DNS 服务器地址

[BJ-S6520XE-0] dhcp server ip-pool vlan20

[BJ-S6520XE-0-dhcp-pool-vlan20] network 192.168.2.0 24

[BJ-S6520XE-0-dhcp-pool-vlan20] dns-list 202.102.99.68

[BJ-S6520XE-0-dhcp-pool-vlan20] gateway-list 192.168.2.254

[BJ-S6520XE-0-dhcp-pool-vlan20] quit

#创建 VLAN 30 对应的 DHCP 地址池，指定网关地址及 DNS 服务器地址

[BJ-S6520XE-0] dhcp server ip-pool vlan30

[BJ-S6520XE-0-dhcp-pool-vlan30] network 192.168.3.0 24

[BJ-S6520XE-0-dhcp-pool-vlan30] gateway-list 192.168.3.254

[BJ-S6520XE-0-dhcp-pool-vlan30] dns-list 202.102.99.68

[BJ-S6520XE-0-dhcp-pool-vlan30] quit

#配置 DHCP 地址池中不参与自动分配的 IP 地址（网关地址）

[BJ-S6520XE-0] dhcp server forbidden-ip 192.168.1.254

[BJ-S6520XE-0] dhcp server forbidden-ip 192.168.2.254

[BJ-S6520XE-0] dhcp server forbidden-ip 192.168.3.254

如果要在 PC 上测试 DHCP 配置是否成功，需在 PC 机的"开始"→"运行"处输入 cmd 命令进入命令行模式，在此模式下输入 ipconfig 命令可以查看本机 IP 地址的详细情况。

（6）配置交换机的管理地址，在本例中使用 VLAN 1 作为管理 VLAN，以 BJ-S6520XE-0、BJ-S5560X-0 交换机为例，其他交换机本部分配置与此相同。

BJ-S6520XE-0 交换机：

#进入 VLAN 1 的三层虚接口，为 VLAN 1 三层接口配置 IP 地址

[BJ-S6520XE-0] interface vlan 1

[BJ-S6520XE-0-Vlan-interface1] ip address 192.168.0.25 29

BJ-S5560X-0 交换机：

#为 VLAN 1 三层接口配置 IP 地址，配置到达上层交换机的路由，下一跳指向核心交换机的管理地址

[BJ-S5560X-0] interface vlan 1

[BJ-S5560X-0-Vlan-interface1] ip address 192.168.0.26 29

[BJ-S5560X-0-Vlan-interface1] quit

[BJ-S5560X-0] ip route-static 0.0.0.0 0 192.168.0.25

其他 S5130 交换机可以参考上述 BJ-S5560X-0 交换机对管理 IP 地址进行配置。

步骤 2：深圳办事处内网部署。

深圳办事处的网络结构如图 7-15-6 所示，此部分内网的部署主要由设备命名、DHCP 配置、管理地址配置 3 部分组成。

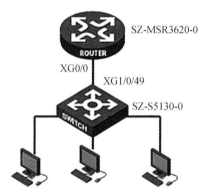

图 7-15-6　深圳办事处网络结构

（1）给设备命名并添加端口描述。

#进入 MSR3620 各互联端口，按照设计要求添加端口描述

[H3C] sysname SZ-MSR3620-0

[SZ-MSR3620-0] interface Ten-GigabitEthernet 0/0

[SZ-MSR3620-0-Ten-GigabitEthernet0/0] description Link-To-SZ-S5130-0-XGE1/0/49

#进入交换机各互联端口，按照设计要求添加端口描述

[H3C] sysname SZ-S5130-0

[SZ-S5130-0] interface Ten-GigabitEthernet 1/0/49

[SZ-S5130-0-Ten-GigabitEthernet1/0/49] description Link-To-SZ-MSR3620-0-G0/0

（2）DHCP 配置。

在深圳办事处，也使用 DHCP 方式为接入 PC 机分配 IP 地址，DHCP 服务器为 MSR3620 路由器，具体配置如下：

#为 XG0/0 接口配置 IP 地址，此地址为内网所有 PC 机的网关

[SZ-MSR3620-0] interface Ten-GigabitEthernet 0/0

[SZ-MSR3620-0-Ten-GigabitEthernet0/0]ip address 192.168.5.254 24

[SZ-MSR3620-0-Ten-GigabitEthernet0/0] quit

#开启 DHCP 功能，创建 DHCP 地址池 pool1，指定网关地址和 DNS 服务器

[SZ-MSR3620-0] dhcp enable

[SZ-MSR3620-0] dhcp server ip-pool pool1

[SZ-MSR3620-0-dhcp-pool-pool1] network 192.168.5.0 mask 255.255.255.0

[SZ-MSR3620-0-dhcp-pool-pool1] gateway-list 192.168.5.254

[SZ-MSR3620-0-dhcp-pool-pool1] dns-list 202.102.99.68

#配置 DHCP 地址池中不参与自动分配的 IP 地址

[SZ-MSR3620-0-dhcp-pool-pool1] forbidden-ip 192.168.5.254

[SZ-MSR3620-0-dhcp-pool-pool1] forbidden-ip 192.168.5.250

（3）交换机管理地址配置。

#进入 VLAN 1 的三层虚接口，为 VLAN 1 三层接口配置 IP 地址

[SZ-S5130-0] interface vlan 1

[SZ-S5130-0-Vlan-interface1] ip address 192.168.5.250 24

[SZ-S5130-0-Vlan-interface1] quit

#配置到达上层路由器的路由，下一跳指向路由器接口地址

[SZ-S5130-0] ip route-static 0.0.0.0 0 192.168.5.254

步骤 3：上海研究所内网部署。

上海研究所的网络结构同深圳办事处，如图 7-15-7 所示。此部分内网的部署主要由设备命名、DHCP 配置、管理地址配置等三部分组成。

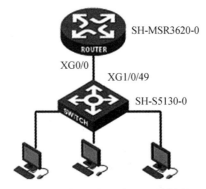

图 7-15-7　上海研究所网络结构

（1）给设备命名并添加端口描述。

SH-MSR3620-0 路由器：

#进入各互联端口，按照设计要求添加端口描述

[H3C] sysname SH-MSR3620-0

[SH-MSR3620-0] interface Ten-GigabitEthernet 0/0

[SH-MSR3620-0-Ten-GigabitEthernet0/0] description Link-To-SH-S5130-0-XGE1/0/49

SH-S5130-0 交换机：

#进入各互联端口，按照设计要求添加端口描述

[H3C] sysname SH-S5130-0

[SH-S5130-0] interface Ten-GigabitEthernet 1/0/49

[SH-S5130-0-Ten-GigabitEthernet1/0/49] description Link-To-SH-XGE0/0

（2）DHCP 配置。

在上海研究所，也使用 DHCP 方式为接入 PC 机分配 IP 地址，DHCP 服务器为 MSR3620
路由器，具体 DHCP 的配置如下：

#为 XG0/0 接口配置 IP 地址，此地址为内网所有 PC 机的网关

[SH-MSR3620-0] interface Ten-GigabitEthernet 0/0

[SH-MSR3620-0-Ten-GigabitEthernet0/0] ip address 192.168.6.254 24

[SH-MSR3620-0-Ten-GigabitEthernet0/0] quit

#开启 DHCP 功能，创建 DHCP 地址池 pool1，指定网关地址和 DNS 服务器地址

[SH-MSR3620-0] dhcp enable

[SH-MSR3620-0] dhcp server ip-pool pool1

[SH-MSR3620-0-dhcp-pool-pool1] network 192.168.6.0 24

[SH-MSR3620-0-dhcp-pool-pool1] gateway-list 192.168.6.254

[SH-MSR3620-0-dhcp-pool-pool1] dns-list 202.102.99.68

#配置 DHCP 地址池中不参与自动分配的 IP 地址

[SH-MSR3620-0-dhcp-pool-pool1] forbidden-ip 192.168.6.254

[SH-MSR3620-0-dhcp-pool-pool1] forbidden-ip 192.168.6.250

（3）交换机管理地址配置。

#进入 VLAN 1 的三层虚接口，为 VLAN 1 三层接口配置 IP 地址

[SH-S5130-0] interface vlan 1

[SH-S5130-0-Vlan-interface1] ip address 192.168.6.250 24

[SH-S5130-0-Vlan-interface1] quit

#配置到达上层路由器的路由，下一跳指向路由器接口地址

[SH-S5130-0] ip route-static 0.0.0.0 0 192.168.6.254

实验任务 2　广域网部署

为了保障总部与分支机构之间传输数据的安全，在总部与分支机构之间采用专线连接，
ISP 可以根据客户需求提供各种类型的专线，比较常见的有裸光纤、二层专线（SDH 等）、三
层专线（VPN 等），在数据传输上有很高的安全性。目前对于中小企业来说一般都采用价格
相对比较实惠的 VPN 专线。

因 VPN 技术内容尚未涉及，本实验暂不配置，不配置公网 IP 地址，直接按照规划配置
各端口私网 IP 地址，如图 7-15-8 所示。

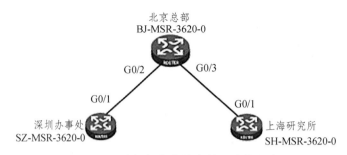

图 7-15-8 总部与办事处广域网连接示意图

步骤 1： BJ-MSR3620-0 的配置。

#按照规划为 G0/2，G0/3 接口添加描述，配置 IP 地址

[BJ-MSR3620-0] interface GigabitEthernet 0/2

[BJ-MSR3620-0-GigabitEthernet0/2] description Link-To-SZ-MSR3620-0-G0/1

[BJ-MSR3620-0-GigabitEthernet0/2] ip address 192.168.0.5 30

[BJ-MSR3620-0] interface GigabitEthernet 0/3

[BJ-MSR3620-0-GigabitEthernet0/3] description Link-To-SH-MSR3620-0-G0/1

[BJ-MSR3620-0-GigabitEthernet0/3] ip address 192.168.0.9 30

步骤 2： 配置 SZ-MSR3620-0。

#按照规划为 G0/1 接口添加描述，给 G0/1 接口配置 IP 地址

[SZ-MSR3620-0] interface GigabitEthernet 0/1

[SZ-MSR3620-0-GigabitEthernet0/1] description Link-To-BJ-MSR3620-0-G0/2

[SZ-MSR3620-0-GigabitEthernet0/1] ip address 192.168.0.6 30

步骤 3： 配置 SH-MSR3620-0。

#按照规划为 G0/1 接口添加描述，给 G0/1 接口配置 IP 地址

[SH-MSR3620-0] interface GigabitEthernet 0/1

[SH-MSR3620-0-GigabitEthernet0/1] description Link-To-BJ-MSR3620-0-G0/3

[SH-MSR3620-0-GigabitEthernet0/1] ip address 192.168.0.10 30

实验任务 3 路由部署

考虑到××公司未来的发展战略规划，我们在部署路由时，对全网采用动态的 OSPF 协议，并规划每个办事处为一个 Area，这样如果以后网络规模扩大，也不需要对整网重新规划，而只需增加 Area 即可。为了方便对各办事处访问外网的控制，规划这个网络的公网出口在总部，由总部统一管理出口访问外网，在总部和外网之间使用缺省路由。具体网络规划如图 7-15-9 所示。

步骤 1： 根据前期的路由规划，完成 BJ-S6520XE-0 交换机的 OSPF 路由协议配置。

手工指定 router id 为 VLAN 1 的接口地址：

[BJ-S6520XE-0] router id 192.168.0.25

在区域里发布网段，后面跟的是反掩码，但对于有些地址我们很难口算出它的反掩码。CMW（宽带无线电通信测试仪）提供了这样一个特性：可以将掩码自动转化为反掩码；为此我们演示一下，发布网段时使用掩码，并验证是否能自动转换。

[BJ-S6520XE-0] ospf

[BJ-S6520XE-0-ospf-1] area 1

[BJ-S6520XE-0-ospf-1-area-0.0.0.1] network 192.168.1.0 255.255.255.0

#验证是否能自动将掩码转换成反掩码

[BJ-S6520XE-0-ospf-1-area-0.0.0.1]display this

#

area 0.0.0.1

network 192.168.1.0 0.0.0.255 #

return

#继续发布 VLAN 20、VLAN 30、VLAN 40 所在的网段

[BJ-S6520XE-0-ospf-1-area-0.0.0.1] network 192.168.2.0 0.0.0.255

[BJ-S6520XE-0-ospf-1-area-0.0.0.1] network 192.168.3.0 0.0.0.255

[BJ-S6520XE-0-ospf-1-area-0.0.0.1] network 192.168.4.0 0.0.0.255

#发布同 BJ-路由器互联接口地址

[BJ-S6520XE-0-ospf-1-area-0.0.0.1] network 192.168.0.1 0.0.0.3

#发布交换机管理 VLAN 地址网段

[BJ-S6520XE-0-ospf-1-area-0.0.0.1] network 192.168.0.24 0.0.0.7

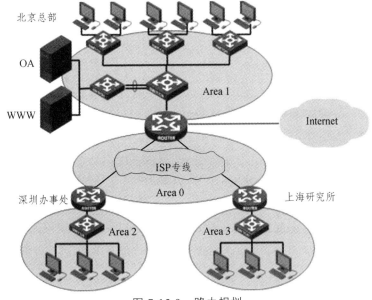

图 7-15-9　路由规划

步骤 2：根据前期的路由规划，完成 BJ-MSR3620-0 路由器的 OSPF 路由配置。

#创建并进入 loopback 0 接口，为 loopback 0 接口配置 IP 地址，注意掩码为 32 位，并手工指定 router id

[BJ-MSR3620-0] interface loopback 0

[BJ-MSR3620-0-LoopBack0] ip address 192.168.0.17 32

[BJ-MSR3620-0] router id 192.168.0.17

#创建并进入 Area 1，发布同 BJ-S6520XE-0 的互联网段

[BJ-MSR3620-0] ospf

[BJ-MSR3620-0-ospf-1] area 1

[BJ-MSR3620-0-ospf-1-area-0.0.0.1] network 192.168.0.0 0.0.0.3

#为了便于管理，发布 loopback 接口地址（作为网管地址）

[BJ-MSR3620-0-ospf-1-area-0.0.0.1] network 192.168.0.17 0.0.0.0

#创建并进入 Area 0，发布同 SZ-MSR3620-0 及 SH-MSR3620-0 的互联网段

[BJ-MSR3620-0-ospf-1] area 0

[BJ-MSR3620-0-ospf-1-area-0.0.0.0] network 192.168.0.4 0.0.0.3

[BJ-MSR3620-0-ospf-1-area-0.0.0.0] network 192.168.0.8 0.0.0.3

步骤 3：根据前期的路由规划，完成 SZ-MSR3620-0 的 OSPF 协议配置。

#创建并进入 loopback 0 接口，为 loopback 0 接口配置 IP 地址，注意掩码为 32 位，手工指定 router id

[SZ-MSR3620-0] interface loop 0

[SZ-MSR3620-0-LoopBack0] ip address 192.168.0.18 32

[SZ-MSR3620-0] router id 192.168.0.18

#进入 Area 0，发布同 BJ-MSR3620-0 的互联网段

[SZ-MSR3620-0] ospf

[SZ-MSR3620-0-ospf-1] area 0

[SZ-MSR3620-0-ospf-1-area-0.0.0.0] network 192.168.0.4 0.0.0.3

#进入 Area 2，发布深圳办事处内网网段地址

[SZ-MSR3620-0-ospf-1] area 2

[SZ-MSR3620-0-ospf-1-area-0.0.0.2] network 192.168.5.0 0.0.0.255

#发布 loopback 地址（作为网管地址）

[SZ-MSR3620-0-ospf-1-area-0.0.0.2] network 192.168.0.18 0.0.0.0

步骤 4：根据前期的路由规划，完成 SH-MSR3620-0 的 OSPF 协议配置。

#创建并进入 loopback 0 接口，为 loopback 0 接口配置 IP 地址，注意掩码为 32 位，手工指定 router id

[SH-MSR3620-0] interface loop 0

[SH-MSR3620-0-LoopBack0] ip address 192.168.0.19 32

[SH-MSR3620-0] router id 192.168.0.19

#进入 Area 0，发布同 BJ-MSR3620-0 的互联网段

[SH-MSR3620-0] ospf

[SH-MSR3620-0-ospf-1] area 0

[SH-MSR3620-0-ospf-1-area-0.0.0.0] network 192.168.0.8 0.0.0.3

#进入 Area 3，发布上海研究所内网网段地址

[SH-MSR3620-0-ospf-1] area 3

[SH-MSR3620-0-ospf-1-area-0.0.0.3] network 192.168.6.0 0.0.0.255

#发布 loopback 地址（作为网管地址）

[SH-MSR3620-0-ospf-1-area-0.0.0.3] network 192.168.0.19 0.0.0.0

步骤 5：为了让总部及分支机构能访问 Internet，需要在出口路由器上配置访问 Internet 的路由。

#配置一条缺省路由，下一跳指向 ISP 给的网关地址，并将缺省路由发布到 OSPF 中

[BJ-MSR3620-0-GigabitEthernet0/1] ip address 202.38.160.2 30

[BJ-MSR3620-0] ip route-static 0.0.0.0 0 202.38.160.1

[BJ-MSR3620-0] ospf

[BJ-MSR3620-0-ospf-1] default-route-advertise

实验任务 4　网络安全部署

步骤 1：内网全部使用的是私有地址，如需访问 Internet 需要进行地址转换，同时可以将内网中的服务器发布到 Internet。

#创建 ACL 2000，进入连接 Internet 的接口，使用 Easy IP 方式使能 NAT

[BJ-MSR3620-0] acl basic 2000

[BJ-MSR3620-0-acl-ipv4-basic-2000] rule 0 permit

[BJ-MSR3620-0] interface g 0/1

[BJ-MSR3620-0-GigabitEthernet0/1] nat outbound 2000

#在公司总部有 WWW 及 OA 服务器需要发布，WWW 服务器地址为 192.168.4.131，OA 服务器地址为 192.168.4.130，端口号为 8080

[BJ-MSR3620-0-GigabitEthernet0/1] nat server protocol tcp global 202.38.160.2 http inside 192.168.4.131 http

[BJ-MSR3620-0-GigabitEthernet0/1] nat server protocol tcp global 202.38.160.2 8080 inside 192.168.4.130 8080

步骤 2：攻击防范配置。

#创建并配置 ACL 3001

[BJ-MSR3620-0]acl advanced 3001

常见的病毒及攻击端口如下所示，可全部配置到 ACL 3001 中，以下配置为一些现网常用的配置命令，仅供参考：

```
rule 0 deny tcp source-port eq 3127
rule 1 deny tcp source-port eq 1025
rule 2 deny tcp source-port eq 5554
rule 3 deny tcp source-port eq 9996
rule 4 deny tcp source-port eq 1068
rule 5 deny tcp source-port eq 135
rule 6 deny udp source-port eq 135
rule 7 deny tcp source-port eq 137
rule 8 deny udp source-port eq netbios-ns
rule 9 deny tcp source-port eq 138
rule 10 deny udp source-port eq netbios-dgm
rule 11 deny tcp source-port eq 139
rule 12 deny udp source-port eq netbios-ssn
rule 13 deny tcp source-port eq 593
rule 14 deny tcp source-port eq 4444
rule 15 deny tcp source-port eq 5800
rule 16 deny tcp source-port eq 5900
rule 18 deny tcp source-port eq 8998
rule 19 deny tcp source-port eq 445
rule 20 deny udp source-port eq 445
rule 21 deny udp source-port eq 1434
rule 30 deny tcp destination-port eq 3127
rule 31 deny tcp    destination-port eq 1025
rule 32 deny tcp destination-port eq 5554
rule 33 deny tcp destination-port eq 9996
rule 34 deny tcp destination-port eq 1068
rule 35 deny tcp destination-port eq 135
rule 36 deny udp destination-port eq 135
rule 37 deny tcp destination-port eq 137
rule 38 deny udp destination-port eq netbios-ns
rule 39 deny tcp destination-port eq 138
rule 40 deny udp destination-port eq netbios-dgm
rule 41 deny tcp destination-port eq 139
rule 42 deny udp destination-port eq netbios-ssn
```

rule 43 deny tcp destination-port eq 593

rule 44 deny tcp destination-port eq 4444

rule 45 deny tcp destination-port eq 5800

rule 46 deny tcp destination-port eq 5900

rule 48 deny tcp destination-port eq 8998

rule 49 deny tcp destination-port eq 445

rule 50 deny udp destination-port eq 445

rule 51 deny udp destination-port eq 1434

#将 ACL 3001 应用于连接外网接口的 IN 方向，阻止外网的入侵

[BJ-MSR3620-0-GigabitEthernet0/1] packet-filter 3001 inbound

参考文献

[1] H3C 设备操作手册. https://www.h3c.com/cn/.

[2] 许成刚，阮晓龙，高海波，等.eNSP 网络技术与应用从基础到实战[M]. 北京：中国水利水电出版社，2023.

[3] 谢钧，缪志敏.计算机网络实验教程——基于华为 eNSP[M]. 北京：人民邮电出版社，2023.

[4] 詹姆斯·F.库罗斯，基思·W.罗斯.计算机网络：自顶向下方[M].8 版.陈鸣，译. 北京：机械工业出版社，2018.

[5] 谢希仁.计算机网络[M].8 版.北京：电子工业出版社，2020.

[6] Tanenbaum A S，Wetherall D J.计算机网络（英文版）[M].5 版.北京：机械工业出版社，2011.

附录一　华三模拟器 HCL 安装操作指导

一、HCL 模拟器介绍

HCL 是新华三集团推出的功能强大的界面图形化全真网络设备模拟软件。用户可以通过该软件实现 H3C 公司多种型号设备的虚拟组网、配置、调试。该软件具备友好的图形界面，可以模拟路由器、交换机、防火墙等网络设备及 PC 的全部功能，用户可以使用它在 PC 上搭建虚拟化的网络环境，是大家学习、测试基于 H3C 公司 ComwareV7 平台的网络设备的必备工具。用户可自行在新华三官网下载。

为保证 HCL 在宿主机上流畅运行，宿主机的配置要求如附表 1-1 所示。

附表 1-1　宿主机的配置要求

需求项	需求
CPU	主频：不低于 1.2 GHz； 内核数目：不低于 2 核； 支持 VT-x 或 AMD-V 硬件虚拟技术
内存	不低于 4 GB
硬盘	不低于 80 GB
操作系统	不低于 Windows 7

二、HCL 模拟器安装

新华三的 HCL 安装相比 EVE 和 eNSP 要简单很多，就像一般软件安装一样，如附图 1-1~附图 1-13 所示。

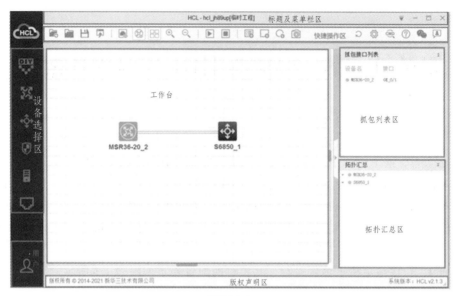

附图 1-1

附图 1-2

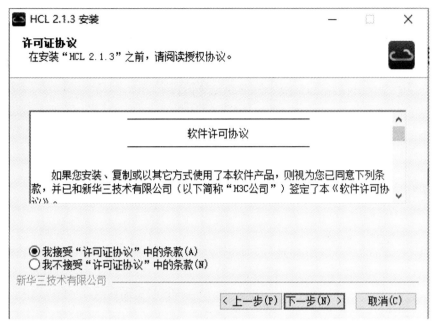

附图 1-3

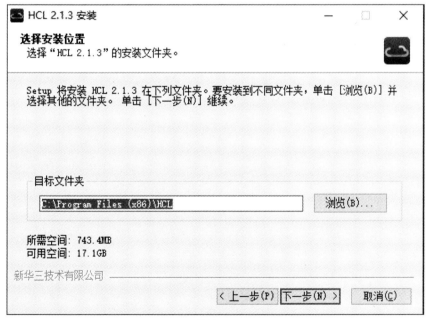

附图 1-4

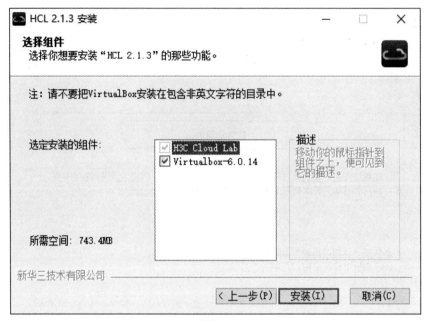

附图 1-5

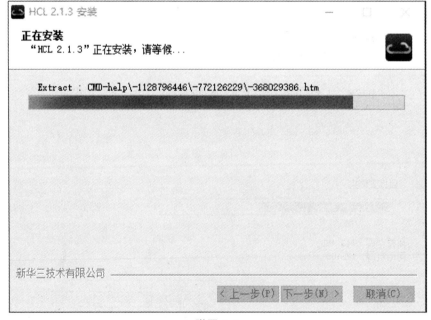

附图 1-6

附图 1-7

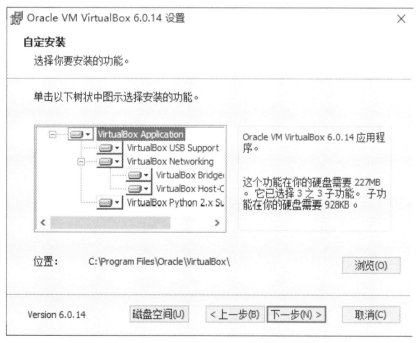

附图 1-8

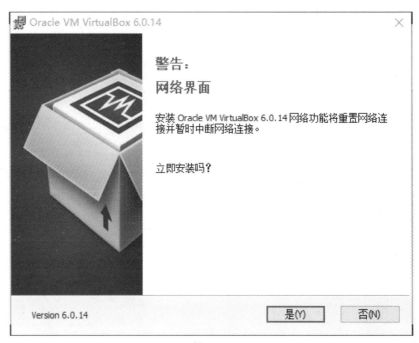

附图 1-9

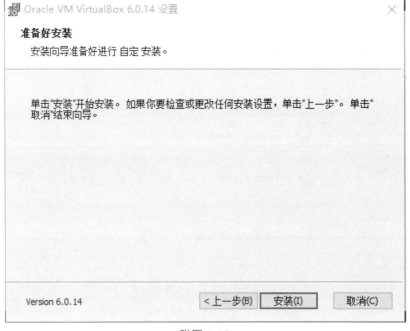

附图 1-10

附图 1-11

附图 1-12

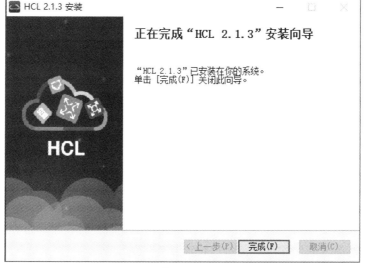

附图 1-13

三、HCL 模拟器基本使用

双击 HCL 桌面快捷方式启动 HCL，HCL 主界面共有 7 个区域（见附图 1-14）：

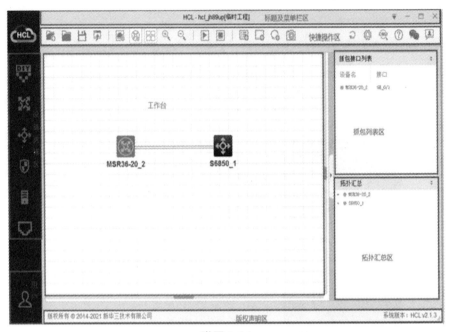

附图 1-14

标题及菜单栏区：标题显示当前工程的信息，若用户未创建工程则显示临时工程名"HCL-hcl_随机 6 位字符串[临时工程]"，否则显示工程名与工程路径的组合。

快捷操作区：从左到右包括工程操作、显示控制、设备控制、图形绘制、扩展功能 5 类快捷操作，鼠标悬停在图标上显示图标功能提示。

设备选择区：从上到下依次为 DIY（Do It Yourself，用户自定义设备）、路由器、交换机、防火墙、终端和连线。

工作台：用来搭建网络拓扑的工作区，可以进行添加设备、删除设备、连线、删除连线等可视化操作，并显示搭建出来的图形化拓扑网络。

抓包列表区：该区域汇总了已设置抓包的接口列表。通过右键菜单可以对拓扑进行简单的操作。

版本声明区：显示软件版权和版本信息。

1. 新建工程

双击快捷方式启动 HCL 后，HCL 将自动新建一个临时工程，用户可在此临时工程上创建拓扑网络。若想创建新的工程，请点击快捷操作区的"新建工程"图标，弹出如附图 1-15 所示的新建工程对话框，在弹窗中输入工程名称，完成新工程的创建。

附图 1-15

2. 添加设备

在工作台添加设备，步骤如下：

（1）在设备选择区点击相应的设备类型按钮（DIY、交换机、路由器、防火墙等），将弹出可选设备类型列表，如附图 1-16 所示。

附图 1-16

（2）用户可以通过以下两种方式向工作台添加设备：

①单台设备添加模式：单击设备类型图标，并拖拽到工作台，松开鼠标后，完成单台设备的添加。

②设备连续添加模式：单击设备类型图标，松开鼠标，进入设备连续添加模式，光标变成设备类型图标。在此模式下，鼠标左键单击工作台任意区域，每单击 1 次，则添加 1 台设备（由于添加设备需要时间，在前一次添加未完成的过程中的点击操作将被忽略），鼠标右键单击工作台任意位置或按<ESC>键退出设备连续添加模式。

注意：

①每个工程最多可添加的 DIY、路由器、交换机、防火墙、终端 5 类设备个数之和为 50 个。

②每个工程最多可添加 50 台本地主机设备。

③每个工程最多可添加 50 台远端网络代理。

3. 操作设备

右键单击工作台中的设备，弹出操作项菜单，根据需要点击菜单项对当前设备进行操作。设备在不同状态下有不同的操作项，当设备处于停止状态时，弹出如图附图 1-17 所示的右键菜单。

附图 1-17

当设备处于运行状态时，弹出如附图 1-18 所示的右键菜单。

附图 1-18

启动、停止设备：当设备处于停止状态时，点击"启动"选项启动设备，设备图标中的图案变成绿色，设备切换到运行状态；当设备处于运行状态时，点击"停止"选项停止设备，设备图标中图案变成白色，设备切换到停止状态。

添加连线：点击"连线"菜单项，鼠标形状变成"十"字，进入连线状态。如附图 1-19 所示，此状态下点击一台设备，在弹窗中选择链路源接口，再点击另一台设备，在弹窗中选择目的接口，完成连接操作。右键单击退出连线状态。

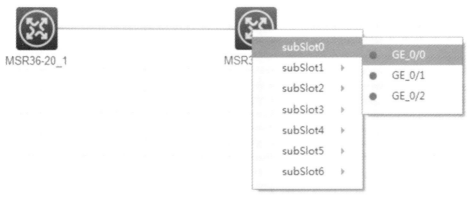

附图 1-19

启动命令行终端：点击"启动命令行终端"选项启动命令行终端，弹出与设备同名的命令行输入窗口，如附图 1-20 所示。

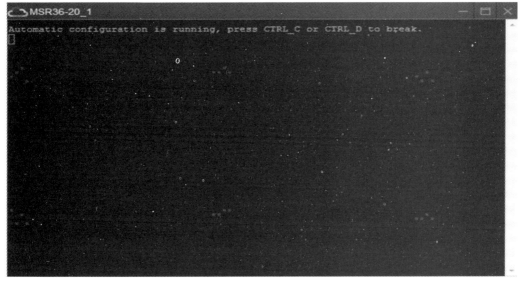

附图 1-20

删除设备：点击"删除"选项，可删除设备。

4. 保存工程

工程创建完成，点击快捷操作区"保存工程"图标，如果是临时工程则弹出保存工程对话框。在保存对话框中输入工程名和工程路径，将工程保存到指定位置。

5. 关闭工程

点击主界面"关闭"图标，可关闭 HCL 软件。

6. 打开工程

点击快捷操作区中的"打开工程"图标，弹出如附图 1-21 所示对话框，双击工程图标打开工程。

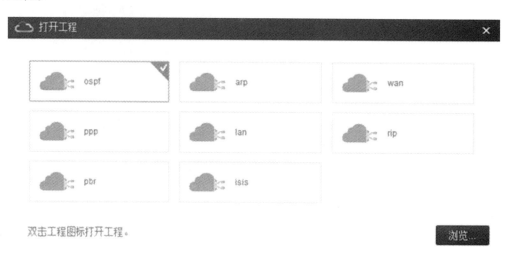

附图 1-21

四、设备类型介绍

1. DIY 设备

点击 DIY 图标，弹出如附图 1-22 所示的用户自定义设备类型的列表。

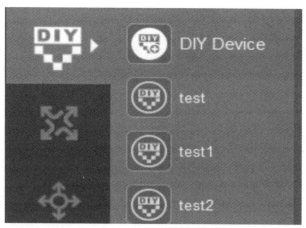

附图 1-22

test、test1 和 test2 均为已经创建的 DIY 设备类型，初次使用软件时没有 DIY 设备类型，需要点击"DIY Device"图标，启动创建自定义设备类型弹出框，如附图 1-23 所示。自定义设备类型弹出框从上到下，分为"接口编辑区""接口选择区""设备类型操作区"和"设备类型列表区"4 个区域。

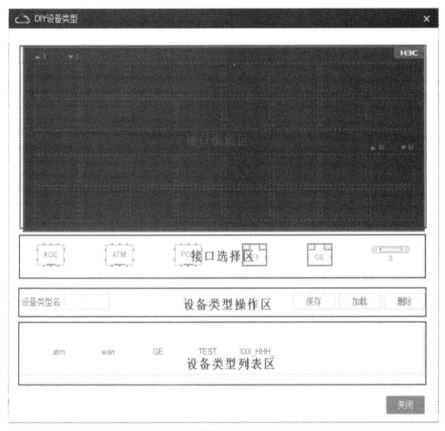

附图 1-23

创建 DIY 设备类型步骤如下：

（1）在设备类型操作区输入设备类型名。

（2）从接口选择区选择接口类型添加到接口编辑区。单击选择接口类型，进入连续添加模式，右击接口编辑区任意位置可以退出连续添加模式；拖拽选择接口类型，进入单次添加模式。右击接口编辑区中的接口可删除该接口。

（3）接口添加完成后点击"保存"按钮，设备类型将被添加到设备类型列表区；点击"加载"按钮加载设备类型列表区中选中的设备类型，并将该设备的接口显示到接口编辑区；点击"删除"按钮删除选中的 DIY 设备类型。

注意：设备类型名由字母、数字和下划线组成，其他字符非法，最大长度为 8 个字符，非法字符或多余字符将被屏蔽。

2. 路由器

点击设备选择区的路由器图标，弹出如附图 1-24 所示的路由器设备类型列表，HCL2.1.3

目前支持模拟 MSR36-20、VSR-88 型号路由器。

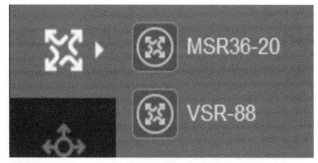

附图 1-24

3．交换机

点击设备选择区的交换机图标，弹出如附图 1-25 所示的交换机设备类型列表，HCL2.1.3目前支持模拟 S6850 型号交换机。

附图 1-25

4．防火墙

点击设备选择区的防火墙图标，弹出如附图 1-26 所示的防火墙设备类型列表，HCL2.1.3目前支持模拟 F1090 型号防火墙。

附图 1-26

5．终　端

点击设备选择区的终端图标，弹出如附图 1-27 所示的终端类型列表，包含本地主机（Host）、远端虚拟网络代理（Remote）和虚拟主机（PC）。

附图 1-27

1）本地主机

本地主机即 HCL 软件运行的宿主机，在工作台添加本地主机后便将宿主机虚拟化成一台虚拟网络中的主机设备。如附图 1-28 所示，工作台中的主机网卡与宿主机的真实网卡相同，通过将主机网卡和虚拟设备的接口进行连接，实现宿主机与虚拟网络的通信。

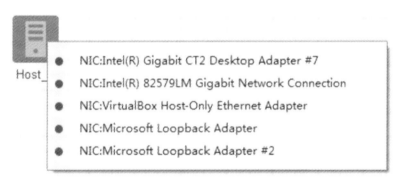

附图 1-28

2）虚拟主机

虚拟主机即 HCL 软件运行的模拟 PC 功能的设备，在工作台添加虚拟主机后便模拟出了一款 PC 设备。虚拟主机可以直接和设备进行连线。

在虚拟主机启动后，通过右键菜单的"配置"选项可以打开如附图 1-29 所示的虚拟主机配置窗口。在该窗口可以设置接口的可用状态以及选择静态或 DHCP 方式配置接口的 IPv4 地址、IPv6 地址和网关。

注意：虚拟主机配置窗口需要在设备启动完成后才能弹出。若设备没有启动完成，弹出"连接设备失败，请重试"提示框，需等待设备启动完成后再选择"配置"菜单项即可正常弹出虚拟主机配置窗口。

附图 1-29

6. 连 线

点击"连线"图标，弹出如附图 1-30 所示的连线列表。

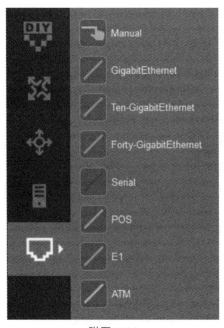

附图 1-30

连线类型介绍：

Manual：手动连线模式，连线时选择类型。

GigabitEthernet：仅用于 GE 口之间的连接。

Ten-GigabitEthernet：仅用于 XGE（10GE）口之间的连接。

Forty-GigabitEthernet：仅用于 FGE（40GE）口之间的连接。

Serial：仅用于 S（Serial）口之间的连接。

POS：仅用于 POS 口之间的连接。

E1：仅用于 E1 口之间的连接。

ATM：仅用于 ATM 口之间的连接。

选择"Manual"则进入手动连线模式，连线时手动选择接口；选择其他的连线类型，进入自动连线模式，连线时根据选择的连线类型自动选择对应类型的接口进行连接。

连接完成后在工作台显示的设备之间连线的颜色与所示连线类型图标的颜色一致。右击退出连线模式。

附录二 网线制作工艺要求

1 总则

本作业指导书规定了网线制作过程中网线的裁剪、水晶头的压接、网线的测试等过程内容与要求，适用于本组织生产的各种网线。

2 材料和工具

2.1 材料：网线、水晶头。

2.2 工具：卷尺、网线压线钳、网线测线仪。

3 装配规范

3.1 网线制作前的工艺准备。

3.1.1 网线型号的选择。

常见的网线型号分为五类线（CAT5）、超五类线（CAT5e）和六类线（CAT6），选择的依据参照以下标准：

五类线（CAT5）：线缆最高频率带宽为 100 MHz，最高传输速率为 100 Mb/s，是最常用的以太网电缆。

超五类线（CAT5e）：超五类具有衰减小，串扰少，更高的衰减与串扰的比值（ACR）和信噪比（SNR），更小的时延误差，性能得到很大提高。超五类线主要用于千兆位以太网（1 000 Mb/s）。

六类线（CAT6）：该类电缆的传输频率为 1 ~ 250 MHz，六类布线系统在 200 MHz 时综合衰减串扰比（PS-ACR）有较大的余量，它提供 2 倍于超五类的带宽。六类布线的传输性能远远高于超五类标准，最适用于传输速率高于 1 Gb/s 的应用。

3.2 网线的裁剪。

3.2.1 依据网络布线的实际情况，选择合理的布线路径。用卷尺测量需要连接的两个网口之间的路径距离。

3.2.2 利用压线钳的裁剪刀口将网线裁剪到测量的路径长度。如果布线路径中经过活动连接部件（如布线从可开闭的箱门到箱体内部）时，网线裁剪长度应留有保证活动连接部件流畅运动的余量。

3.3 水晶头的压接（直通网线）。

3.3.1 用压线钳的裁剪刀口将裁剪好的网线一端剪齐，使网线裁剪断面和网线呈垂直状态。

3.3.2 将剪齐的网线头放入剥线专用的刀槽，握紧压线钳绕网线慢慢旋转 2~3 圈，让刀口划开双绞线的保护胶皮。应注意剥下胶皮的长度应近似为水晶头的长度（误差不超过 5 mm）。

3.3.3 从刀槽中取出网线头，用手轻轻剥离被划开的保护胶皮。剥离后，裸露出 4 对 8 芯的双绞线。

3.3.4 将每对相互缠绕的双绞线逐一解开，从左至右按照橙白、橙、绿白、蓝、蓝白、绿、棕白、棕的顺序理顺，轻轻扯直排列。排列顺序时，应避免线路的缠绕和重叠。

3.3.5 用双手抓住排列好的线缆两端，反向用力，并上下扯一扯，应尽量保持线缆扁平。

3.3.6 利用压线钳的裁剪刀口把排列好的线缆顶部裁剪整齐（最长和最短的线缆长度差控制在 1 mm 范围内）。裁剪时，应使线缆垂直插入裁剪刀口下方。

3.3.7 按紧裁剪整齐的线缆头。拿起水晶头，将水晶头有塑料弹簧片的一面向下，有针脚的一面朝向自己。

3.3.8 缓缓用力将 8 条线缆同时沿水晶头内的 8 个线槽插入，一直插到线槽的顶端。

3.3.9 从水晶头的顶部观察，确保每一根线缆都紧紧顶在水晶头的末端，确保线缆顺序准确。

3.3.10 将水晶头插入压线钳的 8P 压线槽内，用力握紧压线钳。水晶头受力后，听到轻微"啪"的一声，则说明压接成功。

3.3.11 重复上述步骤，压接网线另外一端水晶头（交叉网线另外一端的压接方法见 4.1）。

3.4 网线的测试。

3.4.1 分别将网线的两个水晶头插入网线测试仪的发送端和监测端。

3.4.2 网线测试仪的发送端和监测端依次有 8 个绿灯亮起，则说明网线制作成功（交叉网线指示灯表示见 4.2）。

3.4.3 如果有某一路出现红灯或黄灯，则说明该线路存在断线或接触不良故障。

3.4.4 出现故障后，先用压线钳再压一次，再测。如果故障依然存在，重新压接水晶头。

4 特殊工艺说明

常见的网络设备一般都支持自动翻转功能（Auto MDI/MDI-X）。但在同类设备网络通信中（如计算机与计算机之间、路由器与路由器之间），如果设备本身不支持自动翻转功能，则需要制作交叉网线。

4.1 交叉网线的制作。

4.1.1 交叉网线的制作方法与直通网线类似。区别在于网线的两端线缆的顺序不同，一端采用橙白、橙、绿白、蓝、蓝白、绿、棕白、棕的颜色顺序（EIA/TIA568B 标准），另外一端采用绿白、绿、橙白、蓝、蓝白、橙、棕白、棕的颜色顺序（EIA/TIA568A 标准）。

4.2 交叉网线的测试。

4.2.1 交叉网线的测试方法与直通网线类似。区别在于网线发送端的 1~8 指示灯对应监测端的顺序为 3、6、1、4、5、2、7、8。